高等职业教育校企合作新形态教材
高等职业教育系列教材

生产线数字化设计与仿真

主　编　张苗苗　李金亮
参　编　于燕华　赵菲菲　曲振华　姜　翰

本书详细讲解了数字孪生技术在企业智能制造进程中的作用、操作方法以及相关的理论知识和技能操作。全书分为两部分：第一部分（项目1~项目3）为装备数字化设计与仿真，基于西门子机电一体化概念设计模块（NX MCD），包括颜色分类站仿真、加工检测站仿真和立体仓库虚拟调试三个项目，涵盖了基本对象设置、仿真序列、虚拟调试技术；第二部分（项目4~项目9）为生产线数字化设计与仿真，基于西门子工艺仿真解决方案（Tecnomatix Process Simulate），包括生产线仿真设计、气动平移工站仿真、智能仓储工站仿真、智能装配工站仿真、视觉检测工站仿真和智能检测生产线虚实联调六个项目，涵盖了设备的运动学和姿态创建、机器人仿真、虚拟调试和虚实联调。

本书基于成果导向的模式编写，将来源于企业的案例分解成项目，再细化到任务，讲解任务完成过程中用到的理论知识和实践技能，条理清晰，目标明确，可操作性强。同时本书还融入1+X证书对应的职业技能要求，让教材更具实用性。

本书内容由浅入深、循序渐进、图文并茂、实操性强，并有配套的课程资源。一方面，本书涉及的知识点和技能点均有讲解或演示视频，扫描二维码即可观看；另一方面，本书融入AR资源，用手机展示三维模型，在手机上即可查看产线的细微处，直观查看产线工艺。本书可作为高等职业院校机电一体化技术、电气自动化技术、智能控制技术等智能制造相关专业课程的教材或教学参考书，也可作为从事相关工作的工程技术人员的自学用书。

本书配有授课电子课件、素材文件等资源，需要的教师可登录机械工业出版社教育服务网（www.cmpedu.com）免费注册后下载，或联系编辑索取（微信：13261377872，电话：010-88379739）。

图书在版编目（CIP）数据

生产线数字化设计与仿真/张苗苗，李金亮主编．—北京：机械工业出版社，2023.8（2024.2重印）
高等职业教育系列教材
ISBN 978-7-111-73424-6

Ⅰ.①生… Ⅱ.①张… ②李… Ⅲ.①自动生产线-设计-高等职业教育-教材 Ⅳ.①TP278

中国国家版本馆CIP数据核字（2023）第118027号

机械工业出版社（北京市百万庄大街22号 邮政编码100037）
策划编辑：曹帅鹏　　　　　责任编辑：曹帅鹏　赵小花
责任校对：李小宝　陈立辉　封面设计：马若濛
责任印制：刘　媛
涿州市般润文化传播有限公司印刷
2024年2月第1版·第2次印刷
184mm×260mm·15.5印张·2插页·402千字
标准书号：ISBN 978-7-111-73424-6
定价：65.00元

电话服务　　　　　　　　　网络服务
客服电话：010-88361066　　机　工　官　网：www.cmpbook.com
　　　　　010-88379833　　机　工　官　博：weibo.com/cmp1952
　　　　　010-68326294　　金　书　网：www.golden-book.com
封底无防伪标均为盗版　　　机工教育服务网：www.cmpedu.com

Preface 前　言

制造业是国民经济的主体，是立国之本、兴国之器、强国之基。21世纪以来，全球制造业格局面临重大调整，新一代信息技术与制造业深度融合，正在引发影响深远的产业变革，形成新的生产方式、产业形态、商业模式和经济增长点，我国在新一轮发展中面临巨大挑战和机遇。党的二十大报告提出"加快建设制造强国"。为了实现从制造大国向制造强国的转变，我国提出了以提质增效为中心，以加快新一代信息技术与制造业深度融合为主线，以推进智能制造为主攻方向的转型升级战略。而物理工厂与信息化虚拟工厂的交互和融合又是实现"智造"的前提之一。

目前，数字孪生作为实现物理工厂与虚拟工厂交互融合的最佳途径，被国内外相关学术界和企业高度关注。数字孪生技术实现了现实物理系统向数字化模型的反馈，形成了带有回路反馈的全生命追踪，使得各种基于数字化模型进行的仿真、分析、数据积累、数据挖掘，甚至人工智能的应用，都能确保自身与现实物理系统的适应性，这也是数字孪生对智能制造的意义所在。它不仅能够基于真实世界运营数据，更快、更高效地迭代和创新产品，提升产品质量，还可以提供必要的数据，实现可见性和可视化，帮助企业获得以前无法获得的洞察力，从而采取措施减少能源消耗、提高生产能力。

本书着眼于数字孪生这一前沿技术，围绕数字孪生技术在企业中的具体应用，详细讲解了数字孪生技术在智能制造进程中的作用、操作方法以及相关的理论知识和技能操作。按照由易到难、由部分到整体的设计思路，全书内容分为装备数字化设计与仿真、生产线数字化设计与仿真两部分，两部分内容分别选用目前主流的仿真软件 NX MCD 和 Tecnomatix Process Simulate。

本书基于成果导向的模式编写，将来源于企业的案例分解成项目，再细化到任务，讲解任务完成过程中用到的理论知识和实践技能，条理清晰，目标明确，可操作性强。本书还参考生产线数字化仿真应用职业技能等级证书，对接职业技能要求，更具实用性，同时，根据课程内容，合理融入思政元素，项目中设有"职业素养"，将科学思维、家国情怀、职业精神、工匠精神和专业知识相结合，落实"立德树人"的根本目标。

本书由淄博职业学院张苗苗、李金亮主编，淄博职业学院于燕华、赵菲菲、曲振华和科斯特数字化智能科技（深圳）有限公司姜翰参编，依托大赛设备（上海犀浦智能制造实训平台）设计相应的任务。在编写中参考和引用了国内外许多专家、学者及工程技术人员最新出版的著作等资料，编者在此一并致谢。由于编者水平有限，在编写过程中难免有错漏之处，恳请读者批评指正。

编　者

目 录 Contents

前言

绪论 ·· 1

项目 1 颜色分类站仿真 ·· 7

项目描述 ·· 7
技能证书要求 ·· 7
学习目标 ·· 8
学习导图 ·· 8
任务 1.1 颜色分类站设备配置 ············ 8
 任务提出 ·· 8
 知识准备 ·· 9
 1.1.1 颜色分类站的工艺流程 ················ 9
 1.1.2 颜色分类站的设备及仿真方法 ······ 11
 1.1.3 软件术语及指令应用 ··················· 12

 任务实施 ·· 13
任务 1.2 颜色分类站仿真设置 ·········· 20
 任务提出 ·· 20
 知识准备 ·· 20
 1.2.1 认识传感器 ······························· 20
 1.2.2 软件术语及指令应用 ················· 22
 任务实施 ·· 22
项目拓展 传送带的双向移动 ············ 30
练习题 ·· 33

项目 2 加工检测站仿真 ·· 34

项目描述 ·· 34
技能证书要求 ·· 34
学习目标 ·· 35
学习导图 ·· 35
任务 2.1 加工检测站配置 ··················· 35
 任务提出 ·· 35
 知识准备 ·· 36
 2.1.1 加工检测站的工艺流程 ············· 36
 2.1.2 加工检测站的设备及仿真方法 ··· 39
 2.1.3 软件术语及指令应用 ················· 40

 任务实施 ·· 40
任务 2.2 加工检测站仿真设置 ·········· 50
 任务提出 ·· 50
 知识准备 ·· 51
 2.2.1 内部信号仿真 ··························· 51
 2.2.2 软件术语及指令应用 ················· 51
 任务实施 ·· 52
项目拓展 外部信号控制 ······················ 66
练习题 ·· 74

项目 3 立体仓库虚拟调试 ········· 75

项目描述 ············· 75
技能证书要求 ············ 75
学习目标 ············· 76
学习导图 ············· 76
任务 3.1 立体仓库设备配置 ····· 76
   任务提出 ············ 76
   知识准备 ············ 77
   3.1.1 立体仓库的工艺流程 ···· 77
   3.1.2 立体仓库的结构及仿真方法 ·· 77
   3.1.3 软件术语及指令应用 ···· 78
   任务实施 ············ 78
任务 3.2 立体仓库虚拟调试 ····· 90
   任务提出 ············ 90
   知识准备 ············ 91
   3.2.1 虚拟调试 ·········· 91
   3.2.2 软件术语及指令应用 ···· 91
   任务实施 ············ 91
项目拓展 NX MCD 与真实 PLC 的连接 ············· 96
练习题 ·············· 97

项目 4 生产线仿真设计 ········· 98

项目描述 ············· 98
技能证书要求 ············ 99
学习目标 ············· 99
学习导图 ············· 99
任务 4.1 任务规划 ········· 100
   任务提出 ············ 100
   知识准备 ············ 100
   4.1.1 任务分析 ·········· 100
   4.1.2 任务规划重点 ········ 101
   任务实施 ············ 103
任务 4.2 工艺流程分析 ······· 107
   任务提出 ············ 107
   知识准备 ············ 108
   4.2.1 认识工艺流程 ········ 108
   4.2.2 重点工艺环节 ········ 109
   任务实施 ············ 110
任务 4.3 产线设计 ········· 116
   任务提出 ············ 116
   知识准备 ············ 116
   4.3.1 产线设计分析 ········ 116
   4.3.2 产线结构认识 ········ 119
   任务实施 ············ 120
项目拓展 设计机器人产线 ····· 124
练习题 ·············· 126

项目 5 气动平移工站仿真 ········ 127

项目描述 ············· 127
技能证书要求 ············ 127
学习目标 ············· 127
学习导图 ············· 128
任务 5.1 气动平移装置仿真 ····· 128
   任务提出 ············ 128
   知识准备 ············ 129
   5.1.1 气动平移装置介绍 ······ 129
   5.1.2 气动平移装置的运动分析及仿真方法 ············ 131
   5.1.3 软件术语及指令应用 ···· 131
   任务实施 ············ 132
项目拓展 气动平移装置的握爪定义 ············· 138

练习题 …………………………………………… 139

项目 6 智能仓储工站仿真 …………………… 140

项目描述 …………………………………… 140
技能证书要求 ……………………………… 140
学习目标 …………………………………… 141
学习导图 …………………………………… 141

任务 6.1 智能仓储工站认知 ………… 141

任务提出 …………………………………… 141
知识准备 …………………………………… 142
6.1.1 智能仓储工站介绍 …………… 142
6.1.2 智能仓储工站的运动分析及仿真
方法 ……………………………… 144
任务实施 …………………………………… 144

任务 6.2 智能仓储工站设备配置 … 147

任务提出 …………………………………… 147

知识准备 …………………………………… 148
6.2.1 智能仓储工站的设备介绍 …… 148
6.2.2 软件术语及指令应用 ………… 151
任务实施 …………………………………… 151

任务 6.3 智能仓储工站时序仿真 … 154

任务提出 …………………………………… 154
知识准备 …………………………………… 154
6.3.1 智能仓储工站的工作流程 …… 154
6.3.2 软件术语及指令应用 ………… 155
任务实施 …………………………………… 155

项目拓展 三轴伺服机构的目标位置
运动控制 ……………………… 158
练习题 ……………………………………… 160

项目 7 智能装配工站仿真 …………………… 161

项目描述 …………………………………… 161
技能证书要求 ……………………………… 161
学习目标 …………………………………… 162
学习导图 …………………………………… 162

任务 7.1 智能装配工站认知 ………… 162

任务提出 …………………………………… 162
知识准备 …………………………………… 163
7.1.1 智能装配工站介绍 …………… 163
7.1.2 智能装配工站的运动分析及仿真
方法 ……………………………… 165
任务实施 …………………………………… 165

任务 7.2 智能装配工站设备配置 … 170

任务提出 …………………………………… 170
知识准备 …………………………………… 170

7.2.1 智能装配工站设备介绍 ……… 170
7.2.2 软件术语及指令应用 ………… 172
任务实施 …………………………………… 172

任务 7.3 智能装配工站 CEE
仿真 ……………………………… 179

任务提出 …………………………………… 179
知识准备 …………………………………… 180
7.3.1 智能装配工站的工作流程 …… 180
7.3.2 CEE 模式 ……………………… 180
7.3.3 软件术语及指令应用 ………… 180
任务实施 …………………………………… 181

项目拓展 多机器人协同工作仿真 … 194
练习题 ……………………………………… 195

项目 8 视觉检测工站仿真 …………………… 196

项目描述 …………………………………… 196
技能证书要求 ……………………………… 197
学习目标 …………………………………… 197
学习导图 …………………………………… 197

任务 8.1 视觉检测工站认知 ………… 197
任务提出 …………………………………… 197
知识准备 …………………………………… 198
8.1.1 视觉检测工站介绍 ……………… 198
8.1.2 视觉检测工站的运动分析及仿真
方法 ……………………………… 200
任务实施 …………………………………… 200

任务 8.2 视觉检测工站设备配置 …… 203
任务提出 …………………………………… 203
知识准备 …………………………………… 203
8.2.1 视觉检测工站设备介绍 ………… 203
8.2.2 软件术语及指令应用 …………… 207
任务实施 …………………………………… 207

任务 8.3 视觉检测工站虚拟仿真 … 211
任务提出 …………………………………… 211
知识准备 …………………………………… 212
8.3.1 视觉检测工站的工作流程 ……… 212
8.3.2 基于虚拟 PLC 的软件在环虚拟
调试 ……………………………… 212
8.3.3 软件术语及指令应用 …………… 212
任务实施 …………………………………… 213

项目拓展 基于真实 PLC 的硬件在环
虚拟调试 …………………… 216
练习题 ………………………………………… 217

项目 9 智能检测生产线虚实联调 …………………… 218

项目描述 …………………………………… 218
技能证书要求 ……………………………… 218
学习目标 …………………………………… 219
学习导图 …………………………………… 219

任务 9.1 真实的智能检测生产线
设置 ……………………………… 219
任务提出 …………………………………… 219
知识准备 …………………………………… 220
9.1.1 智能检测生产线的设备组成 …… 220
9.1.2 智能检测生产线各个工站的工作
原理 ……………………………… 221
任务实施 …………………………………… 222

任务 9.2 虚拟的智能检测生产线
设置 ……………………………… 225
任务提出 …………………………………… 225
知识准备 …………………………………… 226
9.2.1 虚拟的智能检测生产线控制原理 … 226
9.2.2 软件术语及指令应用 …………… 226
任务实施 …………………………………… 226

任务 9.3 智能检测生产线虚实
联调 ……………………………… 230
任务提出 …………………………………… 230
知识准备 …………………………………… 231
9.3.1 虚实联调 ………………………… 231
9.3.2 软件术语及指令应用 …………… 233
任务实施 …………………………………… 233

项目拓展 产线仿真的方法总结 …… 238
练习题 ………………………………………… 239

参考文献 …………………………………………… 240

绪　论

一、工业数字孪生技术简介

1. 数字孪生的概念

数字孪生

数字孪生（Digital Twin，DT）又被称作数字化双胞胎，是基于工业生产数字化的新概念，它的准确表述还在发展与演变中，但其内涵已在行业内达成了基本共识。《数字孪生应用白皮书》中指出，数字孪生是具有数据连接的特定物理实体或过程的数字化表达，该数据连接可以保证物理状态和虚拟状态之间的同速率收敛，并提供物理实体或过程的整个生命周期的集成视图，有助于优化整体性能。简而言之，数字孪生是指以数字化方式复制一个物理对象，模拟对象在现实环境中的行为，对产品、制造过程乃至整个工厂进行虚拟仿真，从而提高制造企业产品研发、制造的生产效率。数字孪生的实质是建立现实世界物理系统的虚拟数字镜像，贯穿于物理系统的全生命周期，并随着物理系统动态演化。

近年来，数字孪生技术受到国内外产业界与学术界的高度重视。中国工程院发布的《全球工程前沿 2020》报告将"数字孪生驱动的智能制造"列为机械与运载工程领域研究前沿之首。全球 IT 研究与顾问咨询公司（Gartner）连续三年（2017—2019）将数字孪生列为十大战略科技发展趋势之一。由于数字孪生契合了我国以信息技术为产业转型升级赋能的战略需求，已成为关键使能技术之一。

2. 数字孪生技术发展历程

数字孪生技术的最初应用是在美国阿波罗 13 号重返地球的飞行救援中。在理论研究方面，1991 年，大卫·格伦特（David Gelernter）出版了《镜像世界》（*Mirror Worlds*），首次提出了数字孪生技术的概念。2003 年前后，迈克尔·格里夫斯（Michael Grieves）教授在美国密歇根大学的课堂上首次将数字孪生的想法用在产品全生命周期管理的课程上。但是"Digital Twin"这个名词还没有被正式提出，直到 2010 年，它才出现在美国国家航空航天局（NASA）的技术报告中，并被定义为"集成了多物理量、多尺度、多概率的系统或飞行器仿真过程"。2011 年，美国空军探索了数字孪生在飞行器健康管理中的应用，2012 年，NASA 与美国空军联合发表了关于数字孪生的报告，指出数字孪生是驱动未来飞行器发展的关键技术之一，用于机身设计与维修、飞行器能力评估、飞行器故障预测等。近些年，数字孪生应用已从航空航天领域向工业各领域全面拓展，西门子、GE 等工业巨头纷纷打造数字孪生解决方案，赋能制造业数字化转型。其发展历程如图 1 所示。

3. 数字孪生应用场景

得益于物联网、大数据、云计算、人工智能等新一代信息技术的发展，数字孪生的实施逐渐成为可能。现阶段，除了航空航天领域，数字孪生还被应用于电力、船舶、城市管理、农业、建筑、制造、石油天然气、健康医疗、环境保护等行业，特别是在智能制造领域，数字孪生被认为是一种实现制造信息世界与物理世界交互融合的有效手段，如图 2 所示。

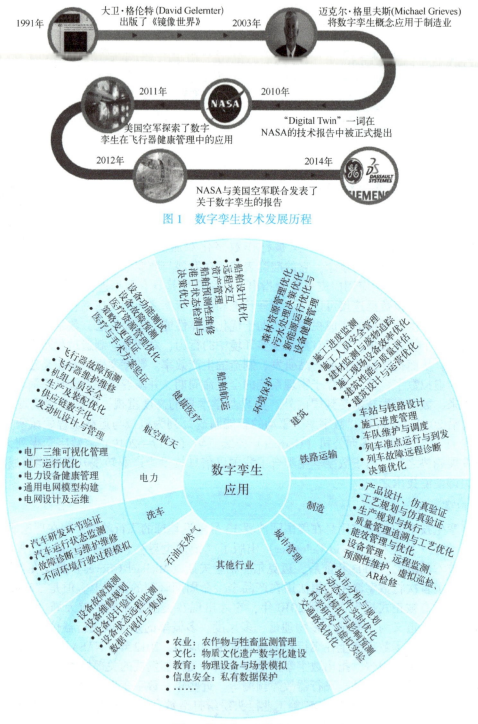

图 1 数字孪生技术发展历程

图 2 数字孪生具体应用

4. 工业数字孪生及分类

应用在工业场景的数字孪生称为工业数字孪生,它是多类数字化技术的集成融合和创新应用,基于建模工具在数字空间构建起精准物理对象模型,再利用实时物联网(IoT)数据驱动模型运转,进而通过数据与模型集成融合构建起综合决策能力,推动工业全业务流程闭环优化。其核心要素是实时映射、综合决策和闭环优化。

工业数字孪生在产品全生命周期中得到广泛应用,包括以飞机设计制造为典型的小批量、多品种产品仿真设计,以石油化工过程控制为典型应用的实时生产孪生,以离散控制系统调试为典型应用的虚拟调试孪生,西门子将这三类应用分为产品的数字孪生、生产的数字孪生、性能的数字孪生,如图3所示。

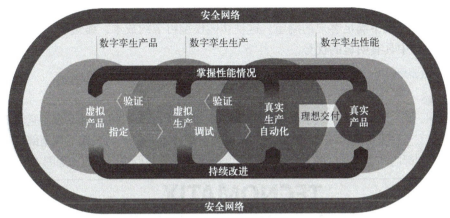

图3　工业数字孪生分类

5. 数字孪生的意义

1) 从数字孪生的本质来看,数字孪生更加便捷,适合创新:物理设备的各种属性映射到虚拟空间中,形成可拆解、复制、转移、修改、删除、重复操作的数字镜像。

2) 更加全面,便于多维测量:数字孪生可以借助物联网和大数据技术,采集有限的物理传感器指标数据,并借助大量样本库,通过机器学习推测出一些原本无法直接测量的指标。

3) 更加智能,能够实现预测维护:对当前状态进行评估、对过去发生的问题进行诊断,并给予分析结果,模拟各种可能性,以及实现对未来趋势的预测,进而实现更全面的决策支持。

4) 更加专业,利于经验复制:可以将原先无法保存的专家经验进行数字化,并可以保存、复制、修改和转移。

二、数字化产线设计平台的功能和应用

数字化产线

1. Siemens NX

Siemens NX 是新一代数字化产品开发系统,是集产品设计、工程与制造于一体的全生命周期解决方案,帮助用户改善产品质量,提高产品交付效率。NX 的独特之处是其知识管理基础,它使得工程专业人员能够推动革新以创造出更大的利润,可以管理生产和系统性能知识,根据已知准则来确认每一设计决策。NX 建立在为用户提供解决方案的成功经验基础之上,这些解决方案可以全面改善设计过程的效率,削减成本,并缩短产品进入市场的时间。这些目标使得 NX 通过全范围产品检验应用和过程自动化工具,把产品制造早期的从概念到生产的过程都集成到一个实现数字化管理和协同的框架中。

Siemens NX 功能模块包括 CAD 和 MCD 等。

1) NX CAD(产品设计)。借助全面的三维产品设计能力,Siemens NX 能以更低的成本实现更出色的创新和更高的质量。借助其强大能力、多功能性和灵活性,NX 可以让设计团队自由地使用最高效的方法来处理手头的任务。设计师可以借助无缝交换功能来选择线框、曲面、

实体参数或直接建模技术。借助 NX 中的同步建模技术，在创建和编辑几何体时能够享受快速和易用性，以及使用在其他 CAD 系统上创建的模型。

2）NX MCD（机电概念设计）。它是进行机电联合设计的一种数字化解决方案，为工程师虚拟创建、模拟和测试产品与生产所需的机器设备等提供仿真支持。它提供了多学科、多部门的信息互联综合技术，可以用来模拟机电一体化系统的复杂运动。还采用了一种从功能出发的设计方法，开发团队可采用层次化结构来分解功能部件，将它们与需求直接联系起来，以确保在整个产品开发过程中满足客户的期望。这种功能模型可节约成本、缩短研发时间，促进跨学科协同，在设计中具有明显的优势。

2. Tecnomatix

（1）概述

Tecnomatix 是一个集成式的数字化制造解决方案，是西门子推出的 PLM 平台。它将工艺规划布局设计、生产工艺过程仿真验证及制造执行与产品设计联系起来，从而实现了规划部门、产品研发部门、生产工程部门和生产车间各部门之间的高度信息共享及并行协同作业，如图 4 所示。

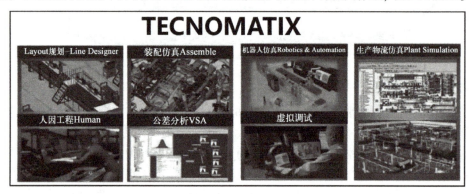

图 4　Tecnomatix 的功能

（2）Tecnomatix 的功能和用途

Tecnomatix 数字化制造解决方案能够在三维虚拟环境下进行生产工艺设计，仿真验证产品生产工艺的可行性，分析新生产线系统的能力并进行优化，企业在生产线规划阶段就可以发现潜在的问题并加以解决，从而避免时间和资金的浪费。这对企业缩短新产品开发周期、提高产品质量、降低开发和生产成本、降低决策风险来说都是非常重要的。

Tecnomatix 软件包括装配仿真、人因仿真、机器人仿真及虚拟调试等诸多功能，能够实现工厂布局仿真验证、生产线布局仿真验证，以及单个工位的仿真验证和优化。

Tecnomatix 软件广泛应用于汽车、电子、航空航天、船舶、装备制造、食品饮料、物流、机场、港口等方面，拥有数量众多的客户群体。

（3）Tecnomatix 系列软件简介

Tecnomatix 系列软件包括 Process Designer、Process Simulate、Plant Simulation 和 Intosite 等。

Process Designer（工艺设计）通常简称为 PD，是 Tecnomatix 的一个重要组成部分，其主要功能是进行生产工艺的过程规划、分析、确认和优化。

Process Simulate（工艺仿真）通常简称为 PS，可提供与制造中枢完全集成的三维动态环境，用于设计和验证制造流程。制造工程师能在其中重用、创建和验证制造流程序列来模拟真实的过程，并帮助优化生产周期和节奏。另外，仿真可扩展到各种机器人流程中，能进行生产系统的仿真和调试。

Plant Simulation（工厂仿真）是一个离散事件仿真工具，能帮助用户创建物流系统（如生产物流系统）的数字化模型，了解系统的特征并优化其性能。

Intosite 软件是一种基于云的 Web 应用程序，它可以维护生产设施的 3D 展示，可使用 Web 浏览器进行访问，无须对硬件进行投资或对软件安装和长期维护进行管理。

三、智能检测生产线的应用背景和功能要求

1. 智能检测技术

智能检测技术是一种尽量减少所需人工的检测技术，是依赖仪器仪表，涉及物理学、电子学等多种学科的综合性技术，可以减少人们对检测结果有意或无意的干扰，减轻人员的工作压力，从而保证被检测对象的可靠性。智能检测技术主要有两项职责：一方面是直接得出被检测对象的数值及其变化趋势等内容；另一方面是将直接测得的信息纳入决策相关的考虑范围，从而制定相关决策。

检测和检验是制造过程中最基本的活动之一。通过检测和检验活动提供产品及其制造过程的质量信息，按照这些信息对产品的制造过程进行修正，使废次品与返修品比率降至最低，保证产品质量形成过程的稳定性及产出成品的一致性。

智能检测以多种先进的传感器技术为基础，且易于同计算机系统结合，能够在合适的软件支持下自动完成数据采集、处理、特征提取和识别，以及多种分析与计算，从而达到系统性能测试和故障诊断的目的。它是检测设备模仿人类智能的结果，是将计算机技术、信息技术和人工智能等结合发展的一种检测技术。

2. 智能检测装备行业面临的发展机遇

制造业是国民经济的主体，目前我国制造业仍存在大而不强、自主创新能力弱、关键核心技术与高端装备对外依存度高等问题。为改变这种局面，我国将智能制造作为制造业转型升级的主攻方向，政府各部门围绕智能制造以及智能制造装备等主题陆续出台多项鼓励政策，持续推进智能制造产业健康高速发展，我国智能检测装备行业迎来了良好的发展机遇。

1）新兴技术赋能智能制造，加速检测装备行业智能化转型。当今世界，随着新兴技术的不断突破、下游行业对制造业智能化水平要求的提升，全球制造业正面临着新一轮产业变革。在此背景下，企业需要通过物联网的实施和从生产系统到 ERP 系统的垂直整合，以及与 CRM、SCM 等系统的水平整合，实现生产的自动化、柔性化和智能化，使得整个生产体系能够针对"多批微量"订单灵活组合各种材料、部件、能力与流程，高效、大规模地完成个性化生产任务，并基于实时收集的客户反馈与使用数据完成产品的快速演进与创新，不断提升竞争优势。

2）下游行业市场需求持续增长。智能检测装备广泛应用于消费电子、医疗、汽车电子以及工业电子等领域。近年来，由于国民经济的发展、人民生活水平的提高，电子产品的市场需求快速增长，企业的产能扩充和产品更新需求旺盛。随着消费升级浪潮的到来消费电子行业内的龙头企业均提高了对泛现实技术的投入，促进 AR/VR 等新兴消费电子产品进入快速发展阶段，部分领先企业已经进入该领域并具有提供自动化解决方案的能力。未来消费电子行业仍有进一步增长的空间，作为电子产品的上游，智能检测装备的市场需求也呈上升趋势。

3）智能检测装备行业发展时间较短，企业发展空间大。智能检测装备行业具有明显的技术密集型特征。以往我国整体工业水平较低，检测装备以实现自动化为主，智能化水平不高。

近年来，国家宏观政策推动以及人工智能、机器视觉技术等科学技术快速发展，促进了检测装备的智能化发展，提供智能装备的企业逐渐增多。

3. 智能检测装备行业面临的挑战

1）专业及高端技术人才短缺。智能检测技术含量高，其装备的设计、研发和制造涉及精密测量、精密机械、声学、光学与机器视觉、射频、软件等多个技术领域，技术集成难度高，对研发及技术人员的综合素质及技术水平要求高，所以智能检测装备行业对于专业技术人才的需求相当强烈。但由于行业起步较晚且发展较快，人才培育和积累相对不足，近年来行业的广阔市场前景又吸引了较多新进入的企业，加剧了对本行业高端人才的争夺。技术研发人员是行业发展的重要基础，供不应求的人才市场导致了巨大的高端人才缺口，一定程度上制约了行业的快速发展。

2）行业基础薄弱，与国外厂商仍有差距。与美国、日本、欧洲等工业发达的国家或地区相比，我国的智能检测装备行业起步较晚，生产规模、技术水平、管理经验和经营方式等方面都存在一定差距。通过学习模仿与自主创新，我国智能检测装备行业发展迅速，市场主体规模逐渐扩大，但业内企业大多规模偏小、技术积累相对不足、资金力量薄弱，以提供单体自动化、智能化设备为主，对智能检测装备的关键技术掌握较少，整体智能检测装备的生产水平较低。

4. 智能检测生产线的功能要求

1）智能检测生产线装备数字化、智能化。为了适应个性化定制的要求，制造装备必须是数字化、智能化的。根据制造工艺的要求，构建若干柔性制造系统、柔性制造单元、柔性生产线，每个系统都能独立完成一类零部件的加工、装配、焊接等工艺过程，具有自动感知、自动化、智能化、柔性化的特征。

2）智能检测生产线仓储、物流智能化。酌情建设进出厂物料和线边物料的自动化立体仓库，物料堆垛、配送的自动化、智能化系统，实现物流系统与智能生产系统的全面集成。

3）智能检测生产线生产执行管理的智能化。以精益生产、约束理论为指导，建设不同生产类型的先进适用制造执行系统（MES），进行不同类型的作业计划编制、作业计划的下达和过程监控、在制物料的跟踪和管理、设备的运维和监控、生产技术准备的管理、制造过程的质量管理和质量追溯，实现全业务过程的透明化、可视化管理和控制。

4）智能检测生产线的效益目标。通过智能装备、智能物流、智能管理的集成，排除影响生产的一切不利因素，优化资源利用，提高设备利用率，降低物料在制数，提高产品质量、准时交货率、生产制造能力和综合管理水平，提升企业快速响应客户需求的能力和竞争能力。

时代责任

全球产业竞争格局正在发生重大调整，我国在新一轮发展中面临巨大挑战。全球金融危机发生后，发达国家纷纷实施"再工业化"战略，重塑制造业竞争新优势，加速推进新一轮全球贸易投资新格局。一些发展中国家也在加快谋划和布局，积极参与全球产业再分工，承接产业及资本转移，拓展国际市场空间。我国制造业面临发达国家和其他发展中国家"双向挤压"的严峻挑战，必须放眼全球，加紧战略部署，着眼建设制造强国，固本培元，化挑战为机遇，抢占制造业新一轮竞争制高点。

中华民族在世界人类历史上从来没有和工业革命如此之近，并深深参与且融入全球第四次工业革命中，这是我们中华儿女近几十年拼搏和努力的结果，作为当代青年人，要紧跟时代步伐，持续学习，敢于创新，勇于承担时代赋予我们的实现民族复兴与推动社会发展的责任。

项目 1　颜色分类站仿真

 项目描述

颜色分类站是自动化生产线中常用的装置,通过 NX 软件 MCD 模块的内部逻辑可以仿真控制颜色分类站的工作流程,对颜色分类站进行虚拟调试。本项目重点介绍了定义基本机电对象的方法,创建运动副、传输面、碰撞传感器的步骤以及仿真序列模拟工艺流程等内容。通过本项目的学习和训练,读者能够仿真非标自动化设备的动作,设计设备的控制逻辑关系,实现颜色分类站的虚拟仿真。颜色分类站如图 1-1 所示。

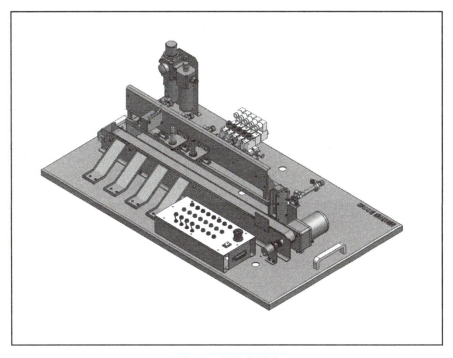

图 1-1　颜色分类站

 技能证书要求

对应的 1+X 生产线数字化仿真应用证书技能点	
1.1.1	能够根据初始工艺要求,描述产品在生产线上的生产过程
1.1.3	能够根据生产线工艺流程,描述设备与设备、设备与产品之间的协同关系

(续)

对应的 1+X 生产线数字化仿真应用证书技能点	
1.2.1	能够根据生产线的功能原理，描述生产线上各个设备的功能及运动特性
1.2.2	能够根据设备机构的运动特性及特点，分析相关运动关系
2.2.2	能根据设备的运动要求，定义各个设备运动机构的运动姿态
2.2.3	能根据设备的运动要求，定义各个运动机构的运动参数及位置极限
3.2.2	能够根据生产线工艺及运动机构的运动关系，建立仿真顺序

学习目标

- 掌握颜色分类站的工艺流程以及各结构的功能，并能分析出本站点的运动构件。
- 掌握"刚体"和"碰撞体"指令的定义方法，并能完成颜色分类站刚体和碰撞体的创建。
- 掌握滑动副的定义方法，并能实现料仓气缸和推料气缸的伸出缩回动作。
- 掌握位置控制的定义方法，并能实现对料仓气缸和推料气缸运动行为的控制。
- 掌握"传输面"指令的定义方法，并能实现传送带传输物料的功能。
- 掌握"碰撞传感器"指令的定义方法，并能实现电感、电容和颜色传感器的功能。
- 掌握仿真序列的定义方法，并能实现颜色分类站的虚拟仿真。
- 通过资源学习，养成自主学习的习惯。

学习导图

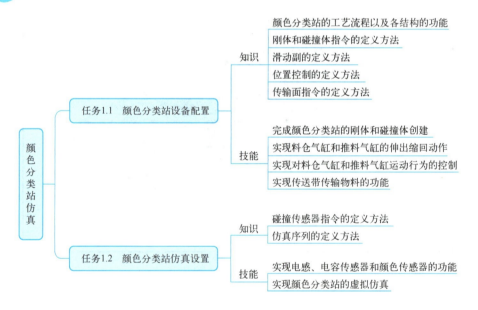

任务 1.1 颜色分类站设备配置

任务提出

在工作过程中，请结合表 1-1 中的内容了解本任务和关键指标。

表1-1 任务书

任务名称	颜色分类站设备配置	任务来源	企业综合项目
姓　　名		实施时间	
任务描述	某工厂要对颜色分类站进行仿真设计，需要设置料仓推出机构、三个推料下线机构、传送带，完成红色金属块、绿色铝块、白色塑料块和黄色塑料块的分选工作虚拟仿真调试。现需要在 NX MCD 模块中进行颜色分类站的仿真设计，实现各组件的功能。要求：首先，完成颜色分类站的工艺功能分析，确保颜色分类站模型的完整性；然后，建立机电对象，如刚体、碰撞体、滑动副等；最后，设定滑动副的位置控制以及传送带的速度和传送方向等。		
关键指标要求	1. 料仓推出机构能够伸出缩回。 2. 推料下线机构能够伸出缩回。 3. 传送带方向和速度设置符合任务要求。		

 知识准备

1.1.1 颜色分类站的工艺流程

1. 颜色分类站工艺流程概述

颜色分类站用于红色金属块、绿色铝块、白色塑料块和黄色塑料块的分拣工作。颜色分类站开启后，料仓推出机构将物料推出到传送带上，物料由传送带输送。在传送带上方的三种传感器将会识别不同物料，并触发对应的四个推料气缸将物料推到分拣道口，完成四种物料的分拣。

颜色分类站的工艺流程

2. 颜色分类站设备组成

颜色分类站由料仓推出机构、传送带和三个推料下线机构组成，如图1-2所示。

（1）料仓推出机构

料仓推出机构由料仓和气缸组件构成，如图1-3所示。当设备启动后，物料从料仓上方落下，气缸组件执行伸出动作，将物料从料仓中推出。物料到达指定位置后，气缸组件执行缩回动作，回到原来位置，便完成了将物料从料仓中推出的整个动作。

（2）传送带

传送带主要由皮带、电动机和支架构成，如图1-4所示。当设备启动后，皮带会一直旋转，从而实现物料运输。

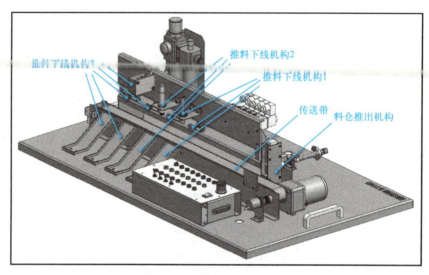

图 1-2　颜色分类站的结构

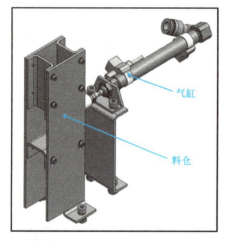

图 1-3　料仓推出机构

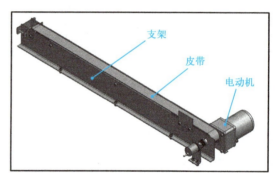

图 1-4　传送带

（3）推料下线机构 1

推料下线机构 1 由传感器、气缸和分拣道口构成，如图 1-5 所示。当设备启动后，传送带会带着物料来到此机构的传感器下方，这时传感器会检测物料的种类（能检测出铁块），如果是红色金属块，气缸便会执行伸出动作，将物料从传送带中推出至分拣道口。

（4）推料下线机构 2

推料下线机构 2 的结构与推料下线机构 1 类似（如图 1-6 所示），只是两者的传感器有所区别，推料下线机构 2 的传感器可以检测到铝料和其他金属，由于红色金属块已经被推料下线机构 1 推出，所以本站的传感器可以检测物料是否是绿色铝块。

（5）推料下线机构 3

推料下线机构 3 由颜色传感器、两组气缸和两组分拣道口构成，如图 1-7 所示。当设备启动后，传送带会带着物料来到此机构的颜色传感器下方，这时传感器会检测物料的颜色，如果是黄色塑料块，气缸 1 便会执行伸出动作，将物料从传送带中推出至分拣道口 1；如果是白色塑料块，气缸 2 便会执行伸出动作，将物料从传送带中推出至分拣道口 2。

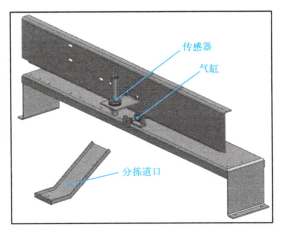
图 1-5 推料下线机构 1

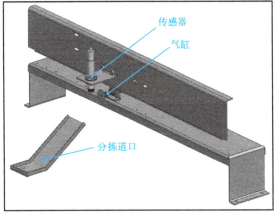
图 1-6 推料下线机构 2

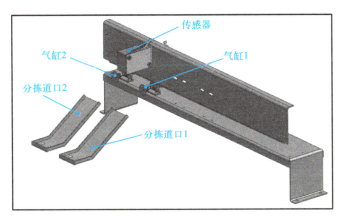
图 1-7 推料下线机构 3

3. 颜色分类站的特点

1) 分类站能连续、大批量地分拣物料。本项目中的颜色分类站能同时处理四种物料，对供料的数量和排序不做要求，可以连续供料并分拣。

2) 分类站的分拣误差率低。本项目在分拣装置中安装了三种传感器，可将四种物料识别分类到不同的分拣道口。

3) 分类站的分拣作业基本实现无人化。本项目中物料的输送、识别和分类都不需要人工参与，由生产线独立进行，完成分拣任务。

1.1.2 颜色分类站的设备及仿真方法

颜色分类站的主要执行机构是气缸，本节需要掌握气缸的工作过程和气缸在 NX MCD 模块中的仿真方法。

本项目中的气缸是引导活塞在缸内进行直线往复运动的圆筒形金属机件。在无杆腔内输入压缩空气，从有杆腔排气，使无杆腔气压大于有杆腔气压，气压差产生的推力作用在活塞上，活塞发生运动，从而推动活塞杆伸出；反之，则活塞杆缩回，如图 1-8 所示。气缸通常由电磁阀控制空气的通断及流向。

颜色分类站的设备及仿真方法

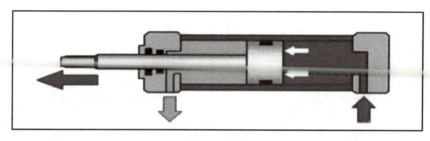

图 1-8　气缸

在 NX MCD 模块中，要实现气缸的仿真，首先需要确定气缸中伸出和缩回的部分，并将其设置为刚体，然后再将其设置为滑动副，这样气缸便创建完成了。另外，在仿真的时候要对气缸加以控制，如伸出的位置等，这时便需要用到执行器位置控制，从而在仿真中实现气缸的伸出缩回运动。

1.1.3　软件术语及指令应用

本任务中主要使用的软件术语及指令有刚体、碰撞体、滑动副、位置控制和传输面。

1. 刚体

"刚体"指令的图标是 ![图标]，可在软件"主页"选项卡→"机械组"中找到。"刚体"的作用是将元件定义为可移动元件。刚体是一个元素，它可以充当质量并在模拟过程中响应重力等力。

2. 碰撞体

"碰撞体"指令的图标是 ![图标]，可在软件"主页"选项卡→"机械组"中找到。"碰撞体"的作用是将物体赋予碰撞体特性，使得物体在实际物理状态下获得接触力和碰撞状态。同类型的碰撞体相互作用会产生碰撞效果，不同类型的碰撞体作用时不会产生干涉。

3. 滑动副

"滑动副"指令的图标是 ![图标]，可在软件"主页"选项卡→"机械组→基本运动副"中找到。"滑动副"的作用是创建一个关节，允许两个物体之间有一个沿着指定方向的平移自由度。

4. 位置控制

"位置控制"指令的图标是 ![图标]，可在软件"主页"选项卡→"电气组"中找到。"位置控制"的作用是控制运动几何体的目标位置，让几何体按照指定的速度运动到指定的位置后停下来。

5. 传输面

"传输面"指令的图标是 ![图标]，可在软件"主页"选项卡→"电气组"中找到。"传输面"具有将所选平面转化为"传送带"的一种机电"执行器"特征。一旦有其他物体放置在传输面上，此物体将会按照指定的速度和方向运输到其他位置。传输面的运动可以是直线，也可以是圆，具体通过用户的设置而定。

需要注意的是：传输面必须是一个平面和碰撞体，即它与碰撞体配合使用，并且一一对应。

任务实施

完成颜色分类站仿真设计需要三个步骤：①配置颜色分类站的基本机电对象；②配置颜色分类站的气缸；③配置颜色分类站的传送带。

步骤 1：配置颜色分类站的基本机电对象

要实现颜色分类站的虚拟仿真，建立基本机电对象是前期的必要工作。在 NX MCD 中创建基本机电对象的思路如图 1-9 所示。

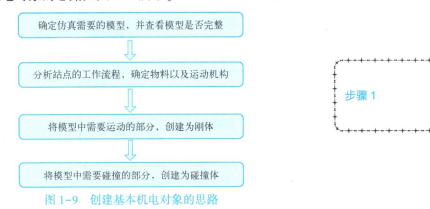

图 1-9 创建基本机电对象的思路

1. 打开模型并进入 MCD 模块

① 确定模型存放的位置，如 D:\ZTecno\XM1\demo1-1 路径。
② 打开 NX 软件，找到模型存放的位置并打开模型文件。
③ 进入 MCD 模块，如图 1-10 所示。

图 1-10 进入"机电概念设计"功能模块

2. 完成刚体的创建

① 确定模型中需要创建为刚体的部件，如物料、气缸等，如图 1-11 所示。

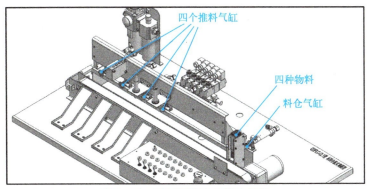

图 1-11 需要创建为刚体的部件

② 单击"刚体"按钮,系统会弹出"刚体"对话框;选择需要创建为刚体的部件,如红色金属块;将"名称"改为"红色金属块",单击"确定"按钮,本刚体创建完成,如图 1-12 所示。

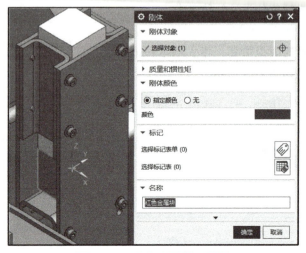

图 1-12 "红色金属块"刚体

③ 使用步骤②的方法创建"绿色铝块""黄色塑料块""白色塑料块"刚体。

④ 在"刚体"对话框中,选择气缸中需要伸出的部分,如图 1-13 所示,"名称"改为"料仓气缸",单击"确定"按钮,本刚体创建完成。

图 1-13 "料仓气缸"刚体

⑤ 使用步骤④的方法创建四个推料气缸伸出部分的刚体,如图 1-14 所示。

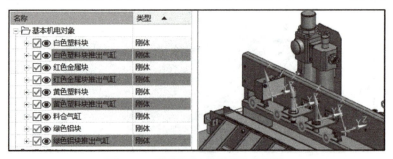

图 1-14 推料气缸伸出部分的刚体

3. 完成模型中碰撞体的创建

在本站点中，由于要区分不同的物料，所以在物料的碰撞体设置中，不能把"类别"设置为0。由于物料不能重叠，所以需要设置一个相同的碰撞体类别，但是又要进行物料的区分，所以还要设置不同的碰撞体类别。其余碰撞体的类别可设为0，表示可与其他任何类别的碰撞体发生碰撞。

创建碰撞体的步骤如下。

① 确定模型中需要创建碰撞体的部件，如物料、料仓、料仓气缸和推料气缸等，如图1-15所示。

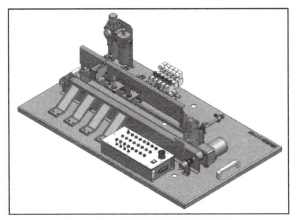

图1-15 需要创建碰撞体的部件

② 单击"碰撞体"按钮，系统会弹出"碰撞体"对话框；选择需要创建碰撞体的部件，如红色金属块的三个面；"碰撞形状"选择"方块"，"形状属性"选择"自动"；在"类别"中输入需要的类别，如1；单击"确定"按钮，系统会弹出一个新的"碰撞体"对话框，再次选择此红色金属块，"类别"设为10，单击"确定"按钮，此物料的碰撞体创建完成，如图1-16所示。

图1-16 红色金属块的碰撞体

③ 使用步骤②的方法创建其余三个物料的碰撞体。

④ 在"碰撞体"对话框中,"碰撞体对象"选择料仓一侧挡板的前后两个面;"碰撞形状"选择"方块","形状属性"选择"自动",在"类别"中输入0,单击"确定"按钮,完成此料仓一侧挡板的碰撞体创建,如图1-17所示。

⑤ 使用步骤④的方法创建料仓其余三个侧面挡板以及底部挡板的碰撞体,如图1-18所示。

图1-17 料仓一侧挡板的碰撞体

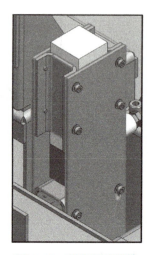

图1-18 料仓的碰撞体

⑥ 在"碰撞体"对话框中,"碰撞体对象"选择皮带的上表面;"碰撞形状"选择"方块","形状属性"选择"用户定义",将"高度"改为2,坐标系为沿着Z的负方向移动1mm;在"类别"中输入0;单击"确定"按钮,完成传送带的碰撞体创建。

⑦ 在"碰撞体"对话框中,"碰撞体对象"选择料仓气缸推料块的圆柱面;"碰撞形状"选择"圆柱","形状属性"选择"自动";在"类别"中输入0;单击"确定"按钮,完成料仓气缸的碰撞体创建,如图1-19所示。

图1-19 料仓气缸的碰撞体

⑧ 使用步骤⑦的方法创建四个推料气缸的碰撞体，如图1-20所示。

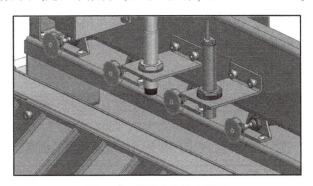

图1-20 推料气缸的碰撞体

⑨ 在"碰撞体"对话框中，"碰撞体对象"选择物料挡板的三个面；"碰撞形状"选择"方块"，"形状属性"选择"自动"；在"类别"中输入0；单击"确定"按钮，完成物料挡板的碰撞体创建。

⑩ 单独打开物料滑道的模型并进入MCD模块，单击"碰撞体"按钮后弹出"碰撞体"对话框，设置图1-21所示的碰撞体。

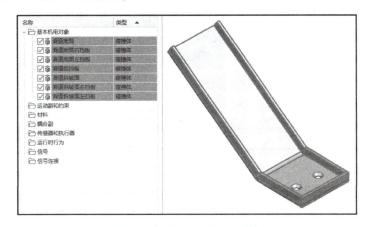

图1-21 物料滑道的碰撞体

步骤2：配置颜色分类站的气缸

真实设备有其确定的运动方式和工作范围，并在产线中发挥其作用，所以在NX MCD中的仿真思路如图1-22所示。

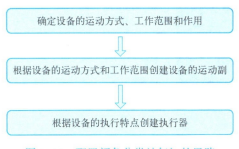

图1-22 配置颜色分类站气缸的思路

1. 料仓推出机构运动学模型的创建

料仓推出机构中只有料仓气缸是运动部件，完成伸出和缩回动作，因此可以使用"滑动副"指令进行创建。料仓气缸做伸出缩回动作，只有两个位置，因此执行器选用"位置控制"。

料仓推出机构的运动学模型创建步骤如下所示。

① 单击"滑动副"按钮，系统会弹出"基本运动副"对话框；刚体连接件选择料仓气缸的刚体；"指定轴矢量"为气缸伸出的方向，"偏置"为0；限制"上限"为40 mm，"下限"为0 mm；将"名称"改为"料仓气缸"，单击"确定"按钮，完成滑动副的创建，如图1-23所示。

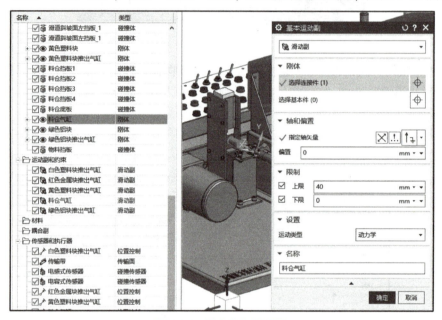

图1-23 料仓气缸滑动副

② 单击"位置控制"按钮，系统会弹出"位置控制"对话框；"机电对象"选择刚才创建的料仓气缸滑动副，"速度"为100 mm/s，将"名称"改为"料仓气缸"，单击"确定"按钮，完成位置控制的创建，如图1-24所示。

图1-24 料仓气缸位置控制

2. 推料气缸

推料气缸与料仓气缸的创建方式相同，可参考创建。

步骤3：配置颜色分类站的传送带

真实传送带在输送时有确定的传送范围、方向和速度，所以在 NX MCD 中配置传送带的思路如图 1-25 所示。

图 1-25 配置颜色分类站传送带的思路

（1）创建碰撞体

传送带的碰撞体已经在步骤1创建完成，经检验，符合传送带的传送范围。

（2）创建传输面

① 单击"传输面"按钮，系统会弹出"传输面"对话框。

② "传送带面"选择皮带的上表面；"运行类型"选择"直线"，"指定矢量"为传送带的输送方向；在"速度"中"平行"为 50 mm/s；将"名称"改为"传送带"，单击"确定"按钮完成传输面的创建，如图 1-26 所示。

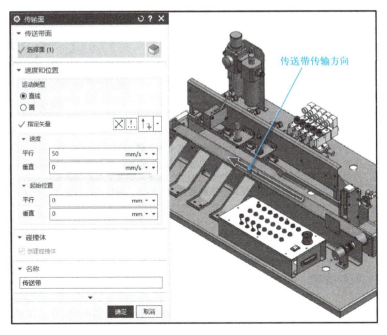

图 1-26 传送带的传输面

任务 1.2　颜色分类站仿真设置

任务提出

在工作过程中,请结合表 1-2 中的内容了解本任务和关键指标。

表 1-2　任务书

任务名称	颜色分类站仿真设置	任务来源	企业综合项目
姓　　名		实施时间	
任务描述	某工厂要在无外部控制器的条件下对颜色分类站进行虚拟调试。现需要在 NX MCD 模块中对颜色分类站进行虚拟仿真设置,完成该站各组件的控制设置,将自动化工作过程在软件中展示出来。要求:完成颜色分类站的碰撞传感器,实现传送带和设备的启动,实现自动分类控制。 起始状态图　　　　　　　　　　中间状态图1 中间状态图2　　　　　　　　　　仿真结束图		
关键指标要求	1. 能够创建识别不同物料的碰撞传感器。 2. 开始仿真后,料仓气缸能自动将物料推出至传送带。 3. 推料下线机构 1 的传感器检测到红色金属块,能将其推送至指定分拣道口。 4. 推料下线机构 2 的传感器检测到绿色铝块,能将其推送至指定分拣道口。 5. 推料下线机构 3 的传感器检测到不同颜色的塑料块,能将其推送至指定的分拣道口。		

知识准备

1.2.1　认识传感器

颜色分类站使用了三个不同类型的传感器,需要掌握传感器的作用、工作原理和传感器在 NX MCD 模块中的仿真方法。

本项目使用的传感器包括电感传感器、电容传感器和颜色传感器,如图 1-27 所示。

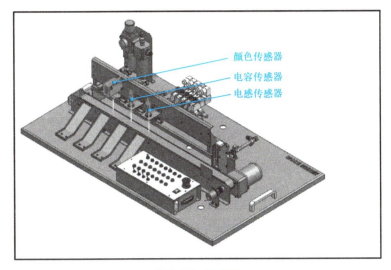

认识传感器

图1-27 传感器

1. 电感传感器

电感传感器的基本原理是将被测量转换为线圈自感或互感的变化来测量的装置，当有金属在其检测范围内时就会引起信号值的变化。

本项目中，电感传感器能检测到红色金属块，用于触发推料下线机构1将其推到对应的分拣道口，将红色金属块最先分类出来。

2. 电容传感器

电容传感器是利用电容器的原理将被测非电量转换为电容量的变化，从而实现非电量到电量的转化。电容传感器可用来测量直线位移、角位移、振动振幅，尤其适合测量高频振动振幅、精密轴系回转精度、加速度等机械量，还可用来测量压力、差压力、液位、料面、粮食中的水分含量、非金属材料的涂层、油膜厚度，以及电介质的湿度、密度、厚度等。在自动检测和控制系统中也常用作位置信号发生器。

本项目中，电容传感器能检测到红色金属块、绿色铝块，由于红色金属块在推料下线机构1中就被推送至分拣道口，所以只有绿色铝块经过该传感器。当绿色铝块触发该传感器后，推料下线机构2将其推到对应的分拣道口，完成绿色铝块的分拣。

3. 颜色传感器

颜色传感器是一种能够检测物体颜色的传感器，它可以通过光电效应将物体反射的光线转化为电信号，从而实现对物体颜色的检测。颜色传感器的原理主要基于三原色理论和光谱分析技术。

三原色理论是指红、绿、蓝三种颜色可以通过不同的比例混合成为任何一种颜色。颜色传感器利用这一原理，通过三个光敏元件分别检测红、绿、蓝三种颜色的光线，然后将三种颜色的光线信号进行比较和计算，从而得出物体的颜色。

本项目中，经过颜色传感器的物料有黄色塑料块和白色塑料块，当为黄色塑料块时，气缸1将其推至分拣道口1；当为白色塑料块时，气缸2将其推至分拣道口2，如图1-28所示。

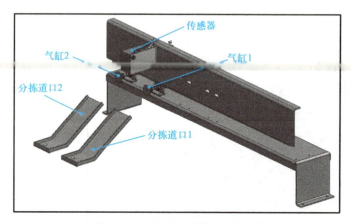

图 1-28 推料下线机构 3 结构图

而在 NX MCD 模块中，使用"碰撞传感器"指令就能实现上述多种真实传感器的仿真。在软件中，碰撞传感器可以指定类别，因此通过让传感器识别不同类别的对象，就能实现电感传感器、电容传感器和颜色传感器的检测区别。

1.2.2 软件术语及指令应用

本任务中主要使用的软件术语及指令有碰撞传感器和仿真序列。

1. 碰撞传感器

"碰撞传感器"指令的图标是 ，可在软件"主页"选项卡→"电气组"中找到，碰撞传感器是指当碰撞发生的时候可以被激活输出信号的机电特征对象，可以利用碰撞传感器来收集碰撞事件。碰撞事件可以用来停止或者触发某些操作，以及停止或者触发执行机构的某些动作。

2. 仿真序列

"仿真序列"指令的图标是 ，可在软件"主页"选项卡→"自动化组"中找到。仿真序列是 NX MCD 中的控制元素，通常用来控制执行机构（如速度控制中的速度、位置控制中的位置等）、运动副（如移动副的连接件）等。除此以外，在仿真序列中还可以创建条件语句来确定何时触发改变。

 任务实施

完成颜色分类站调试需要两个步骤：①创建碰撞传感器，如电感传感器、电容传感器和颜色传感器；②确定颜色分类站的工艺流程，在 NX MCD 中建立仿真序列，对仿真结果进行分析，优化工艺流程。

步骤1：设置颜色分类站的传感器

颜色分类站在进行分拣时通过传感器触发气缸进行动作，所以在 NX MCD 模块中需要创建碰撞传感器，其创建思路如图 1-29 所示。

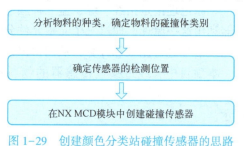

图 1-29 创建颜色分类站碰撞传感器的思路

(1) 确定物料的碰撞体类别

四种物料的碰撞体已经在任务 1.1 中创建完成，经检验，符合碰撞传感器的要求。

(2) 创建碰撞传感器

① 单击"碰撞传感器"按钮，系统会弹出"碰撞传感器"对话框。

② "类型"选择"触发"；"碰撞传感器对象"选择电感传感器的模型，"碰撞形状"选择"直线"，"形状属性"先选择"自动"，再改为"用户定义"，坐标系的位置如图 1-30 所示，保证物料经过时会碰到黄色的线（当前图中白色的竖线），但是黄色的线不能碰到传送带；在"类别"中输入 1；将"名称"改为"电感式传感器"，单击"确定"按钮完成电感传感器的创建，如图 1-30 所示。

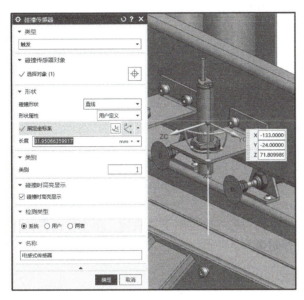

步骤 1

图 1-30　电感传感器

③ 在新的"碰撞传感器"对话框中，"类型"选择"触发"；"碰撞传感器对象"选择电容传感器的模型，"碰撞形状"选择"直线"，"形状属性"先选择"自动"，再改为"用户定义"，坐标系的位置选为电容传感器的模型中心，保证物料经过时会碰到黄色的线，但是黄色的线不能碰到传送带；在"类别"中输入 2；将"名称"改为"电容式传感器"，单击"确定"按钮完成电容传感器的创建。

④ 在新的"碰撞传感器"对话框中，"类型"选择"触发"；"碰撞传感器对象"选择颜色传感器的模型，"碰撞形状"选择"直线"，"形状属性"先选择"自动"，再改为"用户定义"，坐标系的位置如图 1-31 所示，"长度"为 50 mm，保证物料经过时会碰到黄色的线，但是黄色的线不能碰到传送带；在"类别"中输入 3；将"名称"改为"颜色传感器-黄"，单击"确定"按钮完成黄色传感器的创建。如图 1-31 所示。

⑤ 在新的"碰撞传感器"对话框中，"类型"选择"触发"；"碰撞传感器对象"选择颜色传感器的模型，"碰撞形状"选择"直线"，"形状属性"先选择"自动"，再改为"用户定义"，坐标系的位置选为"颜色传感器-黄"的同一位置，"长度"为 50 mm，保证物料经过时会碰到黄色的线，但是黄色的线不能碰到传送带；在"类别"中输入 4；将"名称"改为"颜色传感器-白"，单击"确定"按钮完成白色传感器的创建。

步骤2：设置颜色分类站的仿真序列

颜色分类站在进行真实生产前，可以进行虚拟调试，以便提前发现问题并改进。使用仿真序列进行仿真的思路如图1-32所示。

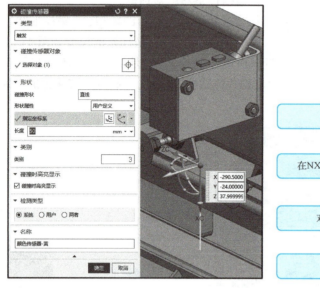

图1-31　黄色传感器　　　　　　图1-32　使用仿真序列进行仿真的思路

颜色分类站的执行机构主要为料仓推出机构和三个推料下线机构。至于传送带，开始仿真后传输面会自动运转，这里不需要再进行创建。

1. 料仓推出机构

料仓推出机构的运动构件是推料气缸，需要完成气缸的伸出和缩回动作。另外，如果只创建料仓气缸伸出和缩回两个仿真序列，那么当气缸缩回到位置0后，便会立即伸出，不符合实际分拣要求，因而可以在缩回后面再加一个等待的仿真序列。其创建步骤如下。

① 单击"仿真序列"按钮，系统弹出"仿真序列"对话框。

② "机电对象"选择料仓气缸的位置控制；在"运行时参数"中勾选"位置"复选框，在"值"列输入40；在"条件"中，"对象"选择料仓气缸的位置控制，在设置逻辑控制的区域，"参数"选择"位置"，"运算符"选择==，"值"为0；将"名称"改为"料仓气缸伸出"，单击"确定"按钮完成此仿真序列的创建，如图1-33所示。

③ 在新的"仿真序列"对话框中，"机电对象"选择料仓气缸的位置控制；在"运行时参数"中勾选"位置"复选框，在"值"列输入0；将"名称"改为"料仓气缸缩回"，单击"确定"按钮完成此仿真序列的创建。

④ 在新的"仿真序列"对话框中，"持续时间"为5s；将"名称"改为"等待"，单击"确定"按钮完成此仿真序列的创建，如图1-34所示。

⑤ 选择刚才创建的三个仿真序列，右击后选择"创建链接器"，如图1-35所示。

2. 推料下线机构1

推料下线机构1的仿真设置除了气缸外，还有电感传感器。当传感器检查到红色金属块时，便让气缸伸出将该物料推出，然后气缸缩回原位。其创建步骤如下。

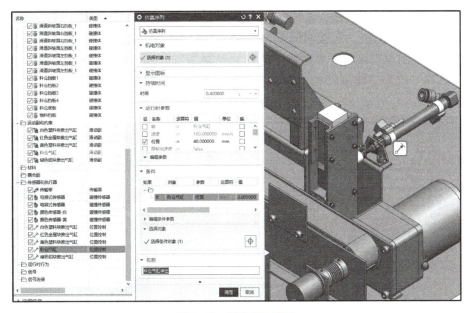

图 1-33　料仓气缸伸出

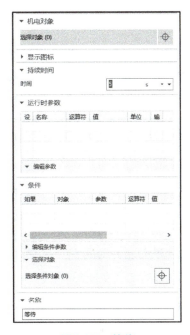

图 1-34　等待

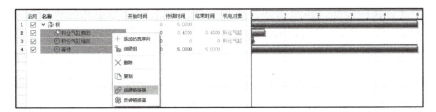

图 1-35　创建链接器

① 单击"仿真序列"按钮，系统弹出"仿真序列"对话框。

② "机电对象"不选；"持续时间"为 0.05 s；在"条件"中，"对象"选择"电感式传感器"，在逻辑控制设置区域，"参数"选择"已触发"，"运算符"选择==，"值"选择 true；将"名称"改为"检测红色金属块"，单击"确定"按钮完成此仿真序列的创建，如图 1-36 所示。

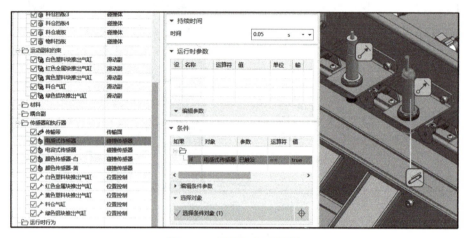

图 1-36　检测红色金属块

③ 在新的"仿真序列"对话框中，"机电对象"选择红色金属块推出气缸的位置控制；在"运行时参数"中勾选"位置"复选框，在"值"中输入 40；将"名称"改为"红色金属块推出气缸伸出"，单击"确定"按钮完成此仿真序列的创建，如图 1-37 所示。

图 1-37　红色金属块推出气缸伸出

④ 在新的"仿真序列"对话框中，"机电对象"选择红色金属块推出气缸的位置控制；在"运行时参数"中勾选"位置"复选框，在"值"中输入 0；将"名称"改为"红色金属块推出气缸缩回"，单击"确定"按钮完成此仿真序列的创建。

⑤ 选择刚才创建的检测红色金属块、红色金属块推出气缸伸出和红色金属块推出气缸缩回三个仿真序列，右击后选择"创建链接器"。

3. 推料下线机构 2

推料下线机构 2 的仿真设置与推料下线机构 1 基本相同，由电容传感器和气缸组成。当传感器检查到绿色铝块时，便让气缸伸出将该物料推出，然后气缸缩回原位。其创建步骤如下。

① 单击"仿真序列"按钮，系统弹出"仿真序列"对话框。

② "机电对象"不选;"持续时间"为 0.05 s;在"条件"中,"对象"选择"电容式传感器",在逻辑控制设置区域,"参数"选择"已触发","运算符"选择==,"值"选择 true;将"名称"改为"检测绿色铝块",单击"确定"按钮完成此仿真序列的创建,如图 1-38 所示。

图 1-38 检测绿色铝块

③ 在新的"仿真序列"对话框中,"机电对象"选择绿色铝块推出气缸的位置控制;在"运行时参数"中勾选"位置"复选框,在"值"中输入 40;将"名称"改为"绿色铝块推出气缸伸出",单击"确定"按钮完成此仿真序列的创建,如图 1-39 所示。

图 1-39 绿色铝块推出气缸伸出

④ 在新的"仿真序列"对话框中,"机电对象"选择绿色铝块推出气缸的位置控制;在"运行时参数"中勾选"位置"复选框,在"值"中输入 0;将"名称"改为"绿色铝块推出气缸缩回",单击"确定"按钮完成此仿真序列的创建。

⑤ 选择刚才创建的检测绿色铝块、绿色铝块推出气缸伸出和绿色铝块推出气缸缩回三个仿真序列,右击后选择"创建链接器"。

4. 推料下线机构 3

推料下线机构 3 由颜色传感器和两组气缸组成。当传感器检查到黄色塑料块时,气缸 1 便会执行伸出动作,将物料推出,然后气缸 1 缩回原位;如果是白色塑料块,气缸 2 便会伸出将物料推出,然后气缸 2 缩回原位。其创建步骤如下。

① 单击"仿真序列"按钮,系统弹出"仿真序列"对话框。

② "机电对象"不选;"持续时间"为 0.05 s;在"条件"中,"对象"选择"颜色传感器-黄",在逻辑控制设置区域,"参数"选择"已触发","运算符"选择==,"值"选择 true;将"名称"改为"检测黄色塑料块",单击"确定"按钮完成此仿真序列的创建,如图 1-40 所示。

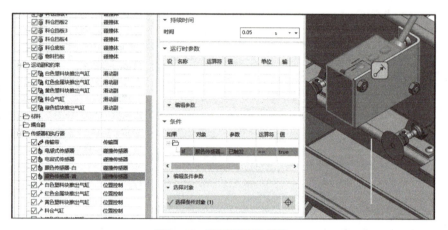

图 1-40　检测黄色塑料块

③ 在新的"仿真序列"对话框中,"机电对象"选择黄色塑料块推出气缸的位置控制;在"运行时参数"中勾选"位置"复选框,在"值"中输入 40;将"名称"改为"黄色塑料块推出气缸伸出",单击"确定"按钮完成此仿真序列的创建,如图 1-41 所示。

图 1-41　黄色塑料块推出气缸伸出

④ 在新的"仿真序列"对话框中,"机电对象"选择黄色塑料块推出气缸的位置控制;在"运行时参数"中勾选"位置"复选框,在"值"中输入 0;将"名称"改为"黄色塑料块推出气缸缩回",单击"确定"按钮完成此仿真序列的创建。

⑤ 选择刚才创建的检测黄色塑料块、黄色塑料块推出气缸伸出和黄色塑料块推出气缸缩回三个仿真序列,右击后选择"创建链接器"。

⑥ 单击"仿真序列"按钮,系统弹出"仿真序列"对话框。

⑦ "机电对象"不选;"持续时间"为 1.6 s;在"条件"中,"对象"选择"颜色传感器-白",在逻辑控制设置区域,"参数"选择"已触发","运算符"选择==,"值"选择 true;将"名称"改为"检测白色塑料块",单击"确定"按钮完成此仿真序列的创建,如图 1-42 所示。

⑧ 在新的"仿真序列"对话框中,"机电对象"选择白色塑料块推出气缸的位置控制;在"运行时参数"中勾选"位置"复选框,在"值"中输入 40;将"名称"改为"白色塑料块推出气缸伸出",单击"确定"按钮完成此仿真序列的创建,如图 1-43 所示。

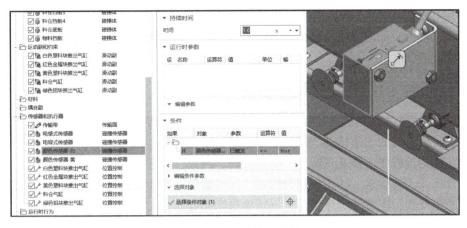

图 1-42　检测白色塑料块

图 1-43　白色塑料块推出气缸伸出

⑨ 在新的"仿真序列"对话框中,"机电对象"选择白色塑料块推出气缸的位置控制;在"运行时参数"中勾选"位置"复选框,在"值"中输入 0;将"名称"改为"白色塑料块推出气缸缩回",单击"确定"按钮完成此仿真序列的创建。

⑩ 选择刚才创建的检测白色塑料块、白色塑料块推出气缸伸出和白色塑料块推出气缸缩回三个仿真序列,右击后选择"创建链接器"。

5. 仿真运行

(1) 仿真前工作

确认基本机电对象、滑动副、传输面、碰撞传感器、位置控制和仿真序列创建完成。

(2) 开始仿真

单击"播放"按钮,系统开始仿真,观察设备的运行情况,如图 1-44 所示。

图 1-44　开始仿真

（3）优化改善

在仿真过程中，如出现不合适的地方应及时改正，如碰撞传感器的检测时间等，直到整个站点运行稳定流畅。

项目拓展　传送带的双向移动

上述项目在 NX MCD 环境中实现了传送带输送物料，传送带保持着一个方向的匀速传动。但是在真实场景中，有时会要求皮带在使用过程中一会儿正转、一会儿反转。例如，皮带两端均有分拣，正转输送一些物料到分拣处，反转输送一些物料到另一分拣处，或者传送废品和合格品的正反转，正转输送合格品，反转输送废品等。

项目拓展

那么如何在 NX MCD 环境中实现传送带的正反转呢？接下来将介绍两种可以实现传送带双向移动的方法。

方法一：仿真序列控制传输面类型

① 打开 NX 软件，找到模型存放的位置，如 D:\ZTecno\XM1\demo1-2 路径下，打开模型文件并进入机电概念设计功能模块。

该模型文件是任务 1.2 完成后颜色分类站仿真的模型文件。

② 在 NX MCD 软件界面的序列编辑器中，除了料仓气缸伸出、料仓气缸缩回和等待三个仿真序列，取消勾选其他所有仿真序列的"启用"复选框，如图 1-45 所示。

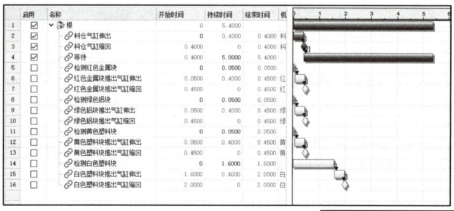

图 1-45　序列编辑器

③ 为了让仿真效果看上去更加直观，可以在传送带上只保留一个物料，这时需要将"等待"仿真序列的持续时间改为 20 s，如图 1-46 所示。

④ 单击"仿真序列"按钮，系统弹出"仿真序列"对话框。在对话框中，"机电对象"选择传输面；"持续时间"为 5 s；在"运行时参数"中勾选"平行速度"复选框，在"值"中输入 50；将"名称"改为"输送带正向移动"，单击"确定"按钮完成此仿真序列的创建，如图 1-47 所示。

图 1-46　"等待"仿真序列

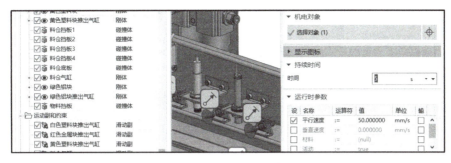

图 1-47 输送带正向移动

⑤ 在新的"仿真序列"对话框中,"机电对象"选择传输面;"持续时间"为 5 s;在"运行时参数"中勾选"平行速度"复选框,在"值"中输入-50;将"名称"改为"输送带反向移动",单击"确定"按钮完成此仿真序列的创建,如图 1-48 所示。

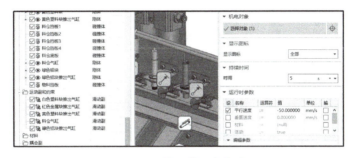

图 1-48 输送带反向移动

⑥ 选择刚才创建的输送带正向移动和输送带反向移动两个仿真序列,右击后选择"创建链接器",如图 1-49 所示。

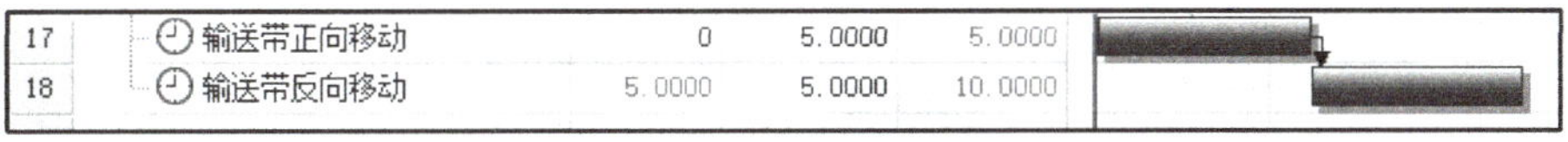

图 1-49 创建链接器

⑦ 仿真运行。单击"开始仿真"按钮,系统开始仿真,皮带会带着物料沿正方向移动 5 s,再往反方向移动。

方法二:使用位置控制执行器

① 重复方法一里面的②、③步。

② 单击"位置控制"按钮,系统会弹出"位置控制"对话框;"机电对象"选择传输面,"方向"选择"平行","速度"为 50 mm/s,将"名称"改为"传输带_PC(1)",单击"确定"按钮,完成位置控制的创建,如图 1-50 所示。

③ 单击"仿真序列"按钮,系统弹出"仿真序列"对话框。在对话框中,"机电对象"选择传输面的位置控制;在"运行时参数"中勾选"位置"复选框,在"值"中输入 300;将"名称"改为"输送带正向移动 1",单击"确定"按钮完成此仿真序列的创建,如图 1-51 所示。

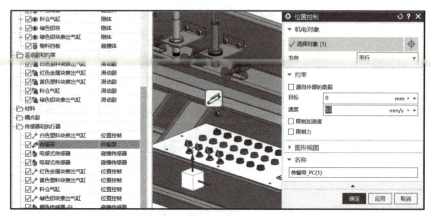

图 1-50 传输面的位置控制

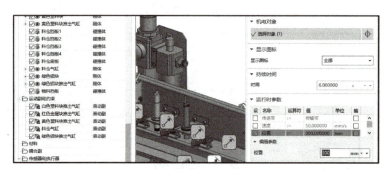

图 1-51 输送带正向移动 1

④ 在新的"仿真序列"对话框中,"机电对象"选择传输面的位置控制;在"运行时参数"中勾选"位置"复选框,在"值"中输入 0;将"名称"改为"输送带反向移动 1",单击"确定"按钮完成此仿真序列的创建,如图 1-52 所示。

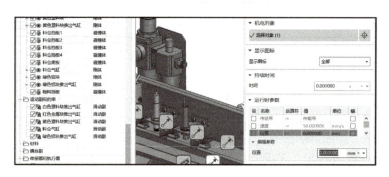

图 1-52 输送带反向移动 1

⑤ 选择刚才创建的输送带正向移动 1 和输送带反向移动 1 这两个仿真序列,右击后选择"创建链接器"。

⑥ 仿真运行。单击"开始仿真"按钮,系统开始仿真,皮带会带着物料沿正方向传输 300 mm,再往反方向传输到 0 mm 处。

练习题

1. 请简单描述一下颜色分类站的工艺流程。
2. 颜色分类站由哪几部分组成？分别是什么？
3. 请简单描述一下本项目中气缸的工作原理。
4. （判断题）假如使用"传输面"指令来仿真物料的运输情况，可以不将传输面设置为碰撞体。（　　）
5. 请简单描述一下本项目使用了哪几种传感器，它们的原理是什么。
6. （实操题）为了提升颜色分类站的工作效率，计划将传送带的速度由原先的 50 mm/s 提高到 80 mm/s，请在 NX MCD 模块中仿真该场景，保证物料能准确分拣到指定的滑道。

项目 2　加工检测站仿真

 项目描述

加工检测站是自动化生产线中重要的组成部分,通过 NX MCD 模块内部逻辑可以仿真加工检测站的工作流程,对加工检测站进行虚拟调试。为了实现运行时的仿真控制,本项目重点介绍了信号、信号适配器的配合和仿真序列的执行与触发等内容。通过本项目的学习和训练,读者能够仿真非标自动化设备的动作,设计设备的控制逻辑关系,以及使用内部信号实现对加工检测站的控制。加工检测站如图 2-1 所示。

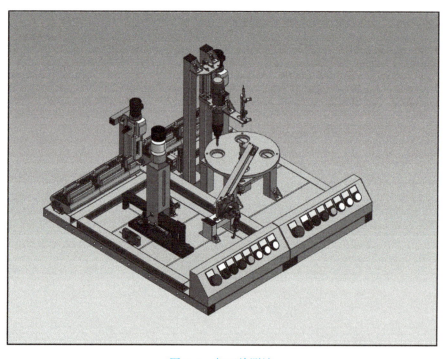

图 2-1　加工检测站

 技能证书要求

对应的 1+X 生产线数字化仿真应用证书技能点	
1.1.3	能够根据生产线工艺流程,描述设备与设备、设备与产品之间的协同关系
2.2.2	能根据设备的运动要求,定义各个设备运动机构的运动姿态

项目2 加工检测站仿真

(续)

对应的1+X生产线数字化仿真应用证书技能点	
2.3.1	在虚拟仿真环境下,能够根据运动机构的运动分析建立相关输入、输出信号
2.3.2	在虚拟仿真环境下,能够对输入、输出信号建立逻辑关系
3.2.2	能够根据生产线工艺及运动机构的运动关系,建立仿真顺序

学习目标

- 掌握加工检测站的工艺流程以及各结构的功能,并能根据运动形式完成基本机电对象的创建。
- 掌握"握爪-吸盘"指令的使用方法,并能创建吸盘吸取和释放物料的行为。
- 掌握"对齐体"指令的使用方法,并能完成吸盘将物料准确放置到转盘的动作。
- 掌握"对象变换器"指令的使用方法,并能实现钻完物料后物料形状的变化。
- 掌握"信号"指令的使用方法,并能创建启动信号。
- 掌握"符号表"指令的使用方法,并能使用符号表创建多个信号。
- 掌握"信号适配器"指令的使用方法,并能实现加工检测站运动或行为的控制。
- 通过动作仿真,培养学生比较与分类的科学思维。

学习导图

任务2.1 加工检测站配置

任务提出

请结合表2-1中的内容了解本任务和关键指标。

表 2-1　任务书

任务名称	加工检测站配置	任务来源	企业综合项目
班　　　级		实施时间	
任务描述	某工厂要对物料进行加工检测，需要设置料仓推料机构、摆臂机构、转盘机构、钻孔机构、检测机构，完成涉及三种物料的加工检测站虚拟仿真调试。现需要在 NX MCD 模块中进行加工检测站的仿真设计，实现各组件的功能。要求：首先，完成加工检测站的工艺流程分析，确保该站模型完整；然后，建立机电对象，如刚体、碰撞体、滑动副、铰链副和齿轮副等；最后，创建传感器和执行器，用于控制滑动副、铰链副等机构的速度和位置。			
关键指标要求	1. 料仓推料机构能够伸出、缩回。 2. 摆臂机构能够摆动及回位。 3. 转盘机构能够旋转。 4. 钻头机构能够旋转及伸出、缩回。 5. 检测机构能够伸出、缩回。			

知识准备

2.1.1 加工检测站的工艺流程

1. 加工检测站的工艺流程概述

加工检测站用于铝块、白色塑料块和黑色塑料块的加工及检测。加工检测站开启运行后，料仓推料机构将物料推出，摆臂机构就会旋转到物料推出处，用吸盘吸住物料，再转到转盘机构处将物料放下，当物料放下后，转盘就会旋转 90°，钻头机构开始旋转并下降进行加工模拟，加工完成后转盘再次旋转 90°，检测机构检测加工的孔是否合格，如此循环，完成物料的加工及检测。

加工检测站的工艺流程

2. 加工检测站设备组成

加工检测站由料仓推料机构、摆臂机构、转盘机构、钻头机构及检测机构组成，如图 2-2 所示。

（1）料仓推料机构

料仓推料机构由料仓、传感器、料仓架和气缸组件构成，如图 2-3 所示。当设备启动后，物料从料仓上方落下，传感器检测到有物料，气缸组件便会执行伸出动作，将物料从料仓中推出。物料到达指定位置后，气缸组件执行缩回动作，回到原来位置。

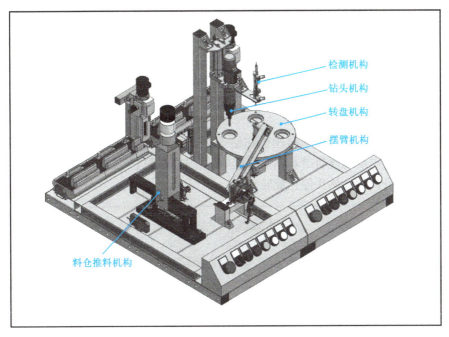

图 2-2　加工检测站布局

注意观察，气缸组件中的推料块执行伸出动作将物料推出时，实际上是气缸执行缩回动作，但为了便于观察及命名，后续统一按推料块的运动方向进行命名。

（2）摆臂机构

摆臂机构由旋转气缸、摆臂、吸盘构成，如图 2-4 所示。旋转气缸和摆臂通过同步带和同步带轮传递运动。当料仓推料机构将物料推出来后，旋转气缸转动带动摆臂向料仓方向摆动，摆臂到达指定位置后，吸盘动作将物料吸住，然后摆臂再向转盘摆动，到达另一指定位置后，吸盘动作将物料释放。

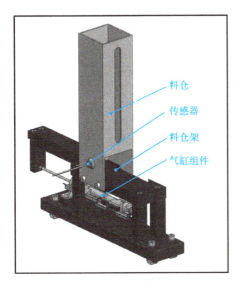

图 2-3　料仓推料机构

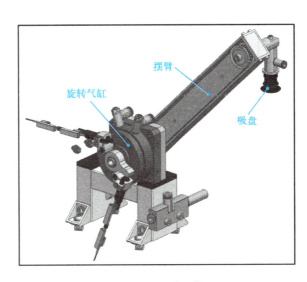

图 2-4　摆臂机构

(3) 转盘机构

转盘机构由转盘、三个传感器和电动机构成,如图 2-5 所示。电动机带着转盘进行旋转,转盘下面有四个销柱,传感器 1 检测到任意一个时电动机就会停止转动。摆臂机构将物料放下后,传感器 2 会检测到有物料,然后电动机带着转盘进行旋转,旋转 90°后停下,传感器 1 会有到位信号。当转盘旋转到 270°时,传感器 3 会检测到物料,从而告知后面的机构已经加工检测完成。

(4) 钻头机构

钻头机构由支架、气缸、电动螺丝机和钻头构成,如图 2-6 所示。当转盘带着物料转到钻头机构的位置时,电动螺丝机带着钻头一起转动,这时通过气缸伸出动作完成零件的钻孔,钻孔完成后气缸上升回位,钻头停止旋转。

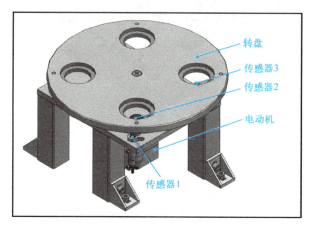

图 2-5　转盘机构

(5) 检测机构

检测机构由机架和气缸构成,如图 2-7 所示。当转盘带着物料转到检测机构的位置时,气缸伸出,导杆会伸到上一步钻的孔中,完成孔的检测,检测完成后气缸上升回到原位。

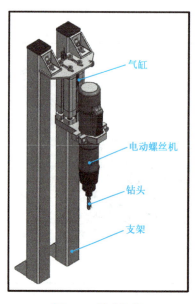

图 2-6　钻头机构

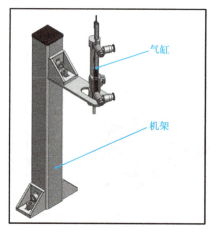

图 2-7　检测机构

3. 加工检测站的特点

1）加工检测站能连续、大批量加工和检测物料。

2）加工检测站的加工误差率低。本项目在转盘中设置传感器，到转盘旋转 90°后能反馈到位信号，保证加工和检测的位置准确。

3）加工检测站的加工检测作业基本实现无人化。本项目中物料的输送、加工、检测都不需要人工参与，由产线独立完成。

2.1.2 加工检测站的设备及仿真方法

1. 旋转气缸

摆臂机构的主要执行机构是旋转气缸，需要掌握旋转气缸的工作过程和在 NX MCD 中的仿真方法。

加工检测站的设备及仿真方法

旋转气缸也叫摆动气缸，一般有两种：叶片式和齿轮齿条式。本项目中采用的是叶片式，叶片式就是圆筒形缸筒内部有个围绕芯轴转动的叶片，当在叶片两侧通气时，气压推动叶片绕芯轴转动形成摆动，如图 2-8 所示。

在 NX MCD 中，要实现旋转气缸的仿真，首先确定需要转动的部分，并将其设置为刚体，然后再将其设置为铰链副，最后用执行器位置控制进行控制，这样就可以实现气缸的旋转运动了。

2. 吸盘

摆臂机构主要吸取物料的构件是吸盘，需要掌握吸盘的工作过程和在 NX MCD 中的仿真方法。

吸盘吸附的原理是：通气口与真空发生装置相接，当真空发生装置启动后，通气口通气，吸盘内部的空气被抽走，形成了压力为 p_2 的真空状态。此时，吸盘内部的空气压力低于吸盘外部的大气压 p_1，即 $p_2<p_1$，工件在外部压力的作用下被吸起，如图 2-9 所示。吸盘内部的真空度越高，吸盘与工件之间贴得越紧。

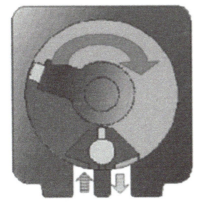

图 2-8 旋转气缸

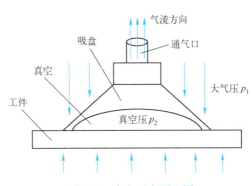

图 2-9 真空吸盘原理图

在 NX MCD 中，要实现吸盘的仿真，首先需要确定吸盘的依附部件，并将其设置为基本体，再确定检测区域，即物料出现的区域，这样就可以实现吸盘吸取和释放物料的动作了。

2.1.3 软件术语及指令应用

本任务中主要使用的软件术语及指令有握爪-吸盘、对齐体和对象变换器。

软件术语及指令应用

1. 握爪-吸盘

"握爪"→"吸盘"指令的图标是 ![icon]，可在软件"主页"选项卡→"机械组"中找到,握爪-吸盘的作用是创建模拟吸盘,并带有计时功能,用于完成吸取和释放动作。在 NX MCD 中,吸盘吸取几何体,几何体必须是碰撞体才能被检测到。

2. 对齐体

"对齐体"指令的图标是 ![icon]，可在软件"主页"选项卡→"机械组"中找到,对齐体的作用是在单独的刚体上创建对齐点。在模拟过程中,刚体在靠近时在对齐体处对齐。

3. 对象变换器

"对象变换器"指令的图标是 ![icon]，可在软件"主页"选项卡→"机械组"中找到,对象变换器的作用是模拟 NX MCD 中运动对象外观的改变,如模拟待加工物料与半成品之间的外形变换。

任务实施

完成加工检测站仿真设计需要两个步骤：①配置加工检测站的基本机电对象；②配置加工检测站的运动机构。

步骤 1：配置加工检测站的基本机电对象

要实现加工检测站的虚拟仿真,建立基本机电对象是前期的必要工作。在 NX MCD 中创建基本机电对象的思路如图 2-10 所示。

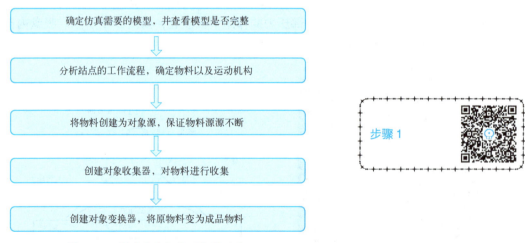

图 2-10 创建基本机电对象的思路

步骤 1

1. 打开模型并进入 MCD 模块

① 确定模型存放的位置,如 D:\ZTecno\XM2\demo2-1 路径下。
② 打开 NX 软件,找到模型存放的位置并打开模型文件。
③ 进入 MCD 模块。

2. 完成模型中刚体的创建

① 确定模型中需要创建刚体的部件，如物料、摆动气缸等，如图 2-11 所示。

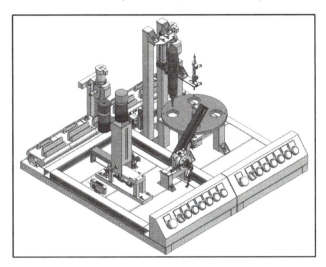

图 2-11 需要创建刚体的部件

② 单击"刚体"按钮，系统弹出"刚体"对话框；选择需要创建刚体的部件，如白块原料；将"名称"改为"白块原料"，单击"确定"按钮，该刚体创建完成，如图 2-12 所示。

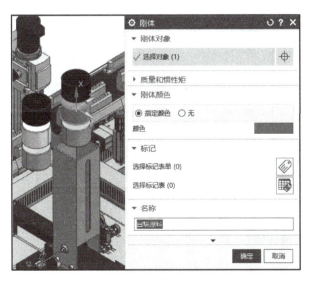

图 2-12 "刚体"对话框

③ 继续创建其他的刚体。

小提示：

需要创建刚体的部件有白块原料、白料成品、黑块原料、黑料成品、铝块原料、铝料成品、料仓气缸、摆臂、吸盘、转盘、钻机、钻头和检测杆。

3. 完成模型中碰撞体的创建

在本站点中，有三种不同的物料，虽然在本站点不需要区分，但是根据完整产线的要求是需要区分的，因此这里为了贴近实际需求进行区分。

由于要区分不同的物料，所以在物料的碰撞体设置中，不能把它们设置为类别为 0 的碰撞体。由于物料不能进行重叠，所以需要设置一个相同的碰撞体类别，但是又要进行物料类别的区分，所以还要设置不同的碰撞体类别。

创建碰撞体的步骤如下。

① 确定模型中需要创建碰撞体的部件，如物料、料仓、料仓气缸等。

② 单击"碰撞体"按钮，系统弹出"碰撞体"对话框；选择需要创建碰撞体的部件，如物料；在"类别"中输入需要的类别；单击"确定"按钮，该碰撞体创建完成，如图 2-13 所示。

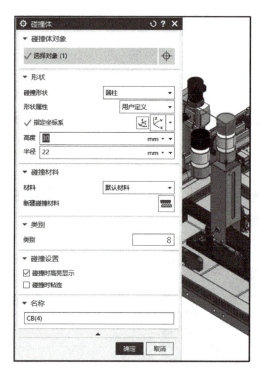

图 2-13 "碰撞体"对话框

③ 继续创建其他的碰撞体。

 小提示：

站点中的物料有黑色塑料块、白色塑料块、铝块三种物料，创建碰撞体时，这三种物料每种分别创建两种类别的碰撞体，其中一种碰撞类别为三种物料一致，另一种碰撞类别为三者各不相同。例如，白色塑料块的碰撞体类别为 7 和 11；黑色塑料块的碰撞体类别为 8 和 11；铝块的碰撞体类别为 9 和 11。

4. 完成模型中对象源的创建

在本站点中，有三种不同的物料，需要创建三种对象源才能保证三种物料源源不断地出现。

创建对象源的步骤如下。

① 确定模型中需要创建对象源的物料。

② 单击"对象源"按钮,系统弹出"对象源"对话框;"要复制的对象"选择创建的刚体,如白块原料刚体;"复制事件"选择"基于时间","时间间隔"为30 s,"开始偏置"为0 s;将"名称"改为"白料原料",单击"确定"按钮,该对象源创建完成,如图2-14所示。

③ 继续创建黑料原料和铝料原料的对象源。

图2-14 "对象源"对话框

 小提示:

三种物料在创建对象源时,触发采用基于时间的方式,白块原料的对象源时间间隔为30 s,开始偏置为0 s;黑块原料的对象源时间间隔为30 s,开始偏置为10 s;铝块原料的对象源时间间隔为30 s,开始偏置为0 s。

5. 完成模型中对象收集器的创建

在站点任务结束的时候需要消除已经加工、检测完成的物料,用来模仿物料收集或者进入下一工作站的动作。

创建对象收集器的步骤如下。

① 确定模型中需要收集的对象源,在本站点中三种物料的对象源都需要收集。

② 在物料收集的位置创建碰撞传感器,"名称"改为"收集器",如图2-15所示。

③ 单击"对象收集器"按钮,系统弹出"对象源"对话框。

④ "对象收集触发器"选择刚才创建的碰撞传感器,"源"选择"任意",如图2-16所示。

⑤ 将"名称"改为"对象收集",单击"确定"按钮,完成对象收集器的创建。

6. 完成模型中对象变换器的创建

钻头机构进行工作时,将原物料进行钻孔加工,完成后变为成品物料,物料会发生形状上的改变,这点可以用对象变换器来实现。

创建对象变换器的步骤如下。

① 确定模型中需要变换的对象源,在本站点中三种物料的对象源都需要变换。

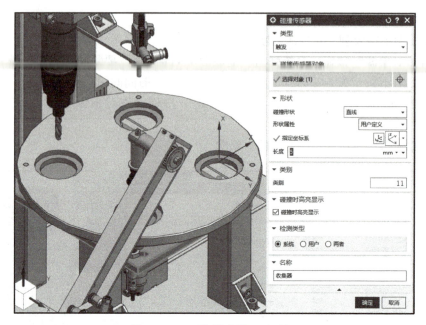

图 2-15 "碰撞传感器"对话框

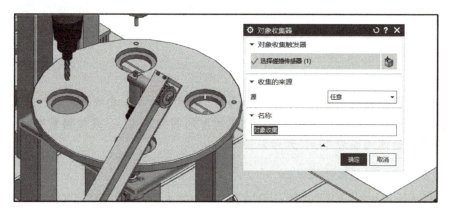

图 2-16 "对象收集器"对话框

② 在物料变换的位置（即钻头钻孔的时候）创建碰撞传感器，这时可以将钻头设置为碰撞传感器，"名称"改为"钻机物料检测"。

③ 单击"对象变换器"按钮，系统会弹出其对话框；"变换触发器"选择刚才创建的碰撞传感器，"变换源"选择白料对象源，"变换为"选择白料成品的刚体。将"名称"改为"白料对象变换"，单击"确定"按钮完成白料对象源变换器的创建，如图 2-17 所示。

④ 继续创建黑料和铝料的对象变换器。

步骤 2：配置加工检测站的运动机构

真实设备有其确定的运动方式和工作范围，并在产线中发挥其作用，所以在 NX MCD 中的仿真思路如图 2-18 所示。

1. 料仓推料机构动力学模型的创建

料仓推料机构中只有料仓气缸是运动部件，完成伸出和缩回动作，因此可以使用"滑动副"指令进行创建。料仓气缸做伸出、缩回动作，只有两个位置，因此执行器选用位置控制。

项目2 加工检测站仿真

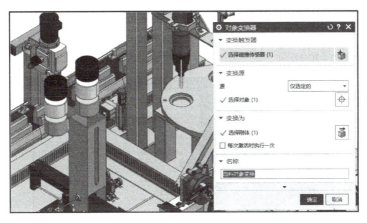

图 2-17 "对象变换器"对话框

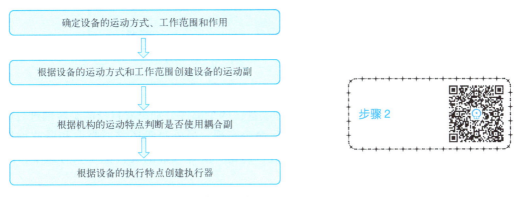

图 2-18 配置加工检测站运动机构的思路

料仓推料机构的动力学模型创建步骤如下。

① 单击"滑动副"按钮,系统会显示创建滑动副的对话框,限制"上限"为60mm,"下限"为0mm,将"名称"改为"料仓气缸",单击"确定"按钮完成滑动副的创建,如图2-19所示。

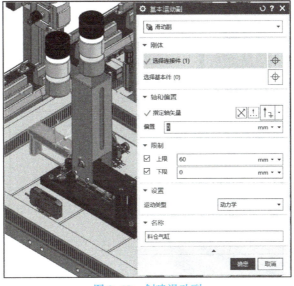

图 2-19 创建滑动副

② 单击"位置控制"按钮，系统弹出"位置控制"对话框；"机电对象"选择刚才创建的滑动副，"速度"为50 mm/s，将"名称"改为"料仓气缸"，单击"确定"按钮，完成位置控制的创建，如图2-20所示。

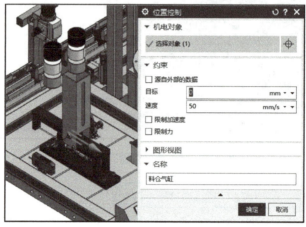

图2-20 "位置控制"对话框

2. 摆臂机构动力学模型的创建

摆臂机构中需要运动的部件为摆臂和吸盘，两个部件分别绕着自身的旋转轴进行旋转，且具有一定的运动关系，可以使用"齿轮"命令实现。另外吸盘还需要吸取和释放物料，因此可以使用"握爪"里面的"吸盘"命令进行创建。摆臂气缸的旋转位置只有两个，因此执行器选用位置控制。

摆臂机构的动力学模型创建步骤如下。

① 单击"基本运动副"，选择"铰链副"命令，系统会显示创建铰链副的对话框；选取摆臂的刚体并指定其旋转轴；将"名称"改为"摆臂"，单击"确定"按钮完成摆臂铰链副的创建，如图2-21所示。

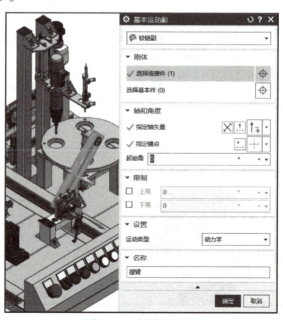

图2-21 摆臂铰链副

② 用同样的方式完成吸盘铰链副的创建，"刚体"选项中基本件选择摆臂的刚体，"名称"改为"吸盘"。

③ 单击"齿轮"按钮，系统弹出"齿轮"对话框；在"轴运动副"中，选择摆臂的铰链副作为主对象，吸盘的铰链副作为从对象；在"约束"中，"主倍数"和"从倍数"分别为1和-1；"名称"改为"摆臂机构"后，单击"确定"按钮完成齿轮副的创建，如图2-22所示。

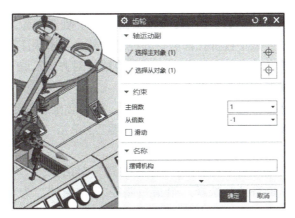

图2-22 创建齿轮副

④ 单击"握爪"按钮，选择"吸盘"，系统会弹出创建吸盘的对话框；在"基本体"中，选择吸盘的刚体；在"检测区域"中，使用合适的方法创建检测区域，保证要吸取的物料与检测区域有重叠；在"动作时间"中，"持续时间"改为"0.1 s"；将"名称"改为"吸盘"，单击"确定"按钮完成吸盘的创建，如图2-23所示。

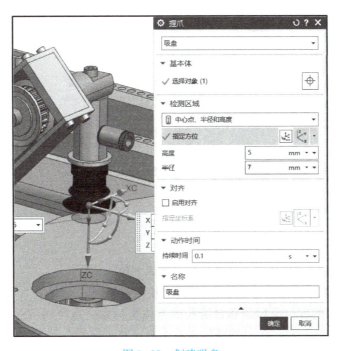

图2-23 创建吸盘

⑤ 单击"位置控制"按钮,系统弹出其对话框"机电对象"选择摆臂的铰链副,在"约束"中,"角路径"选择"沿最短路径","速度"为100°/s,将"名称"改为"摆臂",单击"确定"按钮完成位置控制的创建。

3. 转盘机构动力学模型的创建

转盘机构中需要运动的部件为转盘,绕着自身的旋转轴进行旋转,可以使用"铰链副"命令实现。转盘旋转一定的角度(90°)后可以停止,因此执行器选用位置控制。为了保证转盘在旋转90°后能有反馈信号,可以使用碰撞传感器。为了便于仿真,将模型中的传感器改为放置物料的台阶孔位置,且每个台阶孔都需要创建。另外,为了保证摆臂转向转盘后,吸盘释放物料,物料能准确放置在转盘的台阶孔中,可以使用"对齐体"命令。

转盘机构的动力学模型创建步骤如下。

① 单击"基本运动副",选择"铰链副"命令,系统会显示创建铰链副的对话框;选取转盘的刚体并指定其旋转轴;将"名称"改为"转盘",单击"确定"按钮完成转盘铰链副的创建。

② 单击"位置控制"按钮,系统弹出"位置控制"对话框,"机电对象"选择转盘的铰链副;在"约束"中,"角路径"选择"沿最短路径","速度"为90°/s,将"名称"改为"转盘",单击"确定"按钮完成位置控制的创建。

③ 单击"对齐体"按钮,"关联体"选择转盘,"方位"选择放置物料台阶孔的中心位置;在"设置"中,"邻近度"为10mm,"角色"为目标;"类别"为11,将"名称"改为"转盘位置1",单击"确定"按钮完成目标对齐体的创建,如图2-24所示。

图2-24 目标对齐体

④ 用同样的方法完成其余三个台阶孔的对齐体创建。

⑤ 单击"对齐体"按钮,"关联体"选择白块原料的刚体,"方位"选择白块底部圆的中心(在放置时,原料的方位坐标系和台阶孔的方位坐标系会重合);在"设置"中,"邻近度"为2mm,"角色"为源;在"类别"中输入11,将"名称"改为"白块",单击"确定"按钮完成白块原料对齐体的创建,如图2-25所示。

项目2 加工检测站仿真

图 2-25 源对齐体

⑥ 用同样的方法完成黑块原料、铝块原料的对齐体创建。

4. 钻头机构动力学模型的创建

钻头机构中需要运动的部件为钻头和气缸,其中,钻头绕着自身的旋转轴进行旋转,可以使用铰链副实现;气缸完成伸出和缩回动作,可以使用滑动副实现。钻头始终以恒定的速度进行旋转,执行器选择速度控制;气缸只有两个伸出、缩回动作,执行器用位置控制实现。

钻头机构的动力学模型创建步骤如下。

① 单击"基本运动副",选择"铰链副"命令,系统会显示创建铰链副的对话框;选取钻头的刚体作为连接件,选取钻机的刚体作为基本件;指定旋转轴矢量和锚点;将"名称"改为"钻头",单击"确定"按钮完成钻头铰链副的创建。

② 单击"速度控制"按钮,系统会弹出其对话框;"机电对象"选择钻头的铰链副,"速度"为 0 rev/min,将"名称"改为"钻头",单击"确定"按钮完成速度控制的创建,如图 2-26 所示。

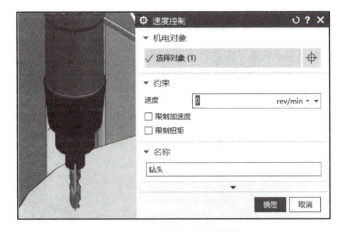

图 2-26 钻头速度控制

③ 单击"基本运动副",选择"滑动副"命令,系统会显示其对话框;在"刚体"中,选择钻机的刚体作为连接件,指定轴矢量;在"限制"中,"上限"为 30 mm,"下限"为 0 mm;将"名称"改为"钻机",单击"确定"按钮完成滑动副的创建。

④ 单击"位置控制"按钮,系统会弹出其对话框;"机电对象"选择钻机的滑动副;在"约束"中,"速度"为 30 mm/s,将"名称"改为"钻机",单击"确定"按钮完成位置控制的创建。

5. 检测机构动力学模型的创建

检测机构中需要运动的部件为气缸,气缸完成伸出和缩回动作,使用滑动副实现。气缸只有伸出、缩回两个动作,执行器用位置控制实现。

检测机构的动力学模型创建步骤如下。

① 单击"基本运动副",选择"滑动副"命令,系统会显示其对话框;在"刚体"中,选择检测杆的刚体作为连接件,指定轴矢量;在"限制"中,"上限"为 40 mm,"下限"为 0 mm;将"名称"改为"检测杆",单击"确定"按钮完成滑动副的创建。

② 单击"位置控制"按钮,系统会弹出其对话框;"机电对象"选择检测杆的滑动副;在"约束"中,"速度"为 40 mm/s,将"名称"改为"检测杆",单击"确定"按钮完成位置控制的创建。

任务 2.2　加工检测站仿真设置

任务提出

请结合表 2-2 中的内容了解本任务和关键指标。

表 2-2　任务书

任务名称	加工检测站仿真设置	任务来源	企业综合项目
姓　名		实施时间	
任务描述	某工厂要在无外部控制器的条件下,使用内部信号控制的方式对加工检测站进行虚拟调试。现需要在 NX MCD 模块中进行加工检测站的虚拟仿真调试,完成该站各组件的控制设置,将加工检测站的自动化工作过程在软件中展示出来。要求:完成加工检测站的信号创建,实现设备的信号控制,以及实现自动加工检测的过程。 起始状态图　　　中间状态图1 中间状态图2　　　仿真结束图		

(续)

关键指标要求	1. 信号能控制料仓推料机构的伸出及缩回。 2. 信号能控制摆臂机构的旋转及回位。 3. 信号能控制转盘的旋转及停止。 4. 信号能控制钻头机构的伸出与缩回,以及钻头的旋转与停止。 5. 信号能控制检测机构的伸出与缩回。

知识准备

2.2.1 内部信号仿真

NX MCD 可以创建多种信号,这些信号均在符号表内保存。信号的创建主要是源于之前所创建的传感器、速度控制、位置控制等。与此同时,信号可以通过信号适配器与外部 OPC 服务器的信号进行匹配。当所有信号都建立以后,与外部 PLC 程序进行连接,同时运行 PLC 程序和 NX MCD 程序进行仿真。这时候操作外部触摸屏对设备进行运行控制,以查看设备在 PLC 控制程序下的运动是否符合设计要求。在本任务中,只需要用信号控制仿真序列,在软件内部实现仿真。

内部信号仿真

1. 信号

在机电一体化概念设计 NX MCD 模块中,信号用于运动控制和与外部的信息交互,分为输入与输出两种。其中,输入信号是外部输入到 NX MCD 中的信号,输出则是 NX MCD 模型输出到外部设备的信号。输入/输出信号表示与外部连接的信号可相互传输。

信号可以使用"信号"指令单独创建,也可以使用符号表创建多个信号。无论使用哪种方式,信号都必须指定 IO 类型、数据类型和初始值。但是使用"信号"指令单独创建时,可以连接模型中的机电对象,从而实现控制机电对象中某个参数的功能。在符号表中,可以输入外部信号名称,它是某个符号所要连接外部信号的名称,可写可不写。

2. 信号适配器

信号适配器的作用是通过对数据的判断或者处理,为 NX MCD 对象提供新的信号,以支持对运动或者行为的控制。新的信号也能输出到外部设备或其他 NX MCD 模型中。从某种程度上讲,信号适配器可以看作一种生成信号的形成逻辑组织管理方式,由它提供的数据参与到运算过程中,获得计算结果后产生新的信号,通过输出连接把新信号传送给外界或者 NX MCD 模型系统中去。

2.2.2 软件术语及指令应用

本任务中主要使用的软件术语及指令有信号、符号表和信号适配器。

软件术语及指令应用

1. 信号

"信号"指令的图标是 ,可在软件"主页"选项卡→"电气组"中找到,信号的作用是运动控制和与外部的信息交互。

2. 符号表

"符号表"指令的图标是 ,可在软件"主页"选项卡→"电气组"中找到,符号表的作用是创建或导入用于命名信号的符号。

3. 信号适配器

"信号适配器"指令的图标是 ，可在软件"主页"选项卡→"电气组"中找到，信号适配器的作用是通过对数据的判断与处理，为 NX MCD 对象提供新的信号，以实现对运动或行为的控制。

任务实施

完成加工检测站调试需要两个步骤：①创建加工检测站调试时需要的信号，建立信号适配器，并将信号写入，实现对运动或行为的控制；②用创建的信号控制仿真序列，实现加工检测设备的虚拟仿真。

步骤 1：创建加工检测站的信号

加工检测站工作时通过信号进行控制，所以在 NX MCD 中需要创建仿真信号，其创建思路如图 2-27 所示。

1. 创建启动信号

运行仿真后，将启动信号置为 true，模型便开始仿真，该信号相当于设备中的启动按钮。

启动信号的创建步骤：单击"信号"按钮，系统弹出其对话框；在"设置"中，"IO 类型"选择"输入"，"数据类型"选择"bool"，"初始值"为 False；将"信号名称"改为"启动信号"后，单击"确定"按钮完成启动信号的创建，如图 2-28 所示。

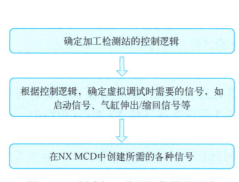

图 2-27　创建加工检测站信号的思路

图 2-28　启动信号

2. 创建符号表

使用"符号表"指令创建设备在仿真时需要的信号，一次可以创建多个。

符号表的创建步骤如下。

① 单击"符号表"按钮，系统弹出其对话框；"符号名"为料仓气缸伸出，"IO 类型"为输入，"数据类型"为 bool，此时该信号便创建完成。

② 继续创建其他信号，其创建内容如图 2-29 所示。

3. 创建信号适配器

单击"信号适配器"按钮，系统弹出其对话框。

项目 2 加工检测站仿真

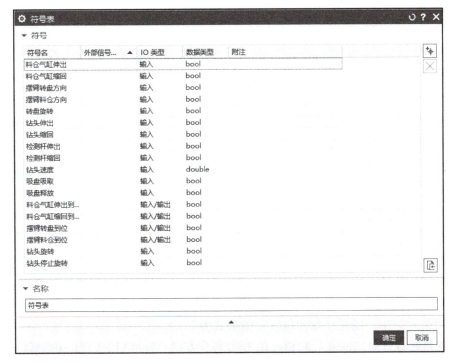

图 2-29 符号表

(1) 创建料仓气缸运动的逻辑控制

① 在"添加参数"中,机电对象选择料仓气缸的位置控制,"参数"选择"位置",在"别名"中输入"料仓气缸位置"。

② 在"信号"中,添加四个信号,"数据类型"为 bool,其中,前两个为输入信号,后两个为输出信号,"名称"依次设为"料仓气缸伸出""料仓气缸缩回""料仓气缸伸出到位""料仓气缸缩回到位"。

③ 在"添加参数"中,勾选"料仓气缸位置"行,在"信号"中,勾选"料仓气缸伸出到位"和"料仓气缸缩回到位"行。

④ 在"公式"中,指派为"料仓气缸位置"的公式为

If(料仓气缸伸出)Then(60)Else If(料仓气缸缩回)Then(0)Else(料仓气缸位置)

指派为"料仓气缸伸出到位"的公式为

If(料仓气缸位置>59.9)Then(true)Else(false)

指派为"料仓气缸缩回到位"的公式为

If(料仓气缸位置<0.1)Then(true)Else(false)

创建完成后如图 2-30 所示。

(2) 创建摆臂运动的逻辑控制

① 在"添加参数"中,机电对象选择摆臂的位置控制,"参数"选择"位置","别名"设为"摆臂位置"。

② 在"信号"中,添加四个信号,"数据类型"为 bool,其中,前两个为输入信号,后两个为输出信号,"名称"依次设为"摆臂料仓方向""摆臂转盘方向""摆臂料仓到位""摆臂转盘到位"。

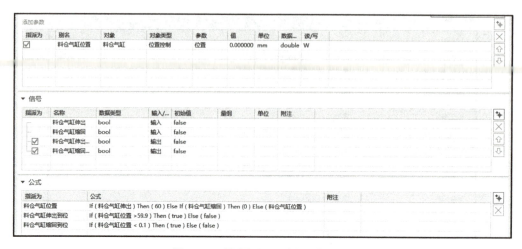

图 2-30 料仓气缸运动的逻辑控制

③ 在"添加参数"中,勾选"摆臂位置"行,在"信号"中,勾选"摆臂料仓到位"和"摆臂转盘到位"行。

④ 在"公式"中,指派"摆臂位置"的公式为

$$\text{If}(摆臂转盘方向)\text{Then}(1.3)\text{Else If}(摆臂料仓方向)\text{Then}(112.5)\text{Else}(摆臂位置)$$

指派"摆臂料仓到位"的公式为

$$\text{If}(摆臂位置>112.4)\text{Then}(\text{true})\text{Else}(\text{false})$$

指派"摆臂转盘到位"的公式为

$$\text{If}(摆臂位置<1.4)\text{Then}(\text{true})\text{Else}(\text{false})$$

创建完成后如图 2-31 所示。

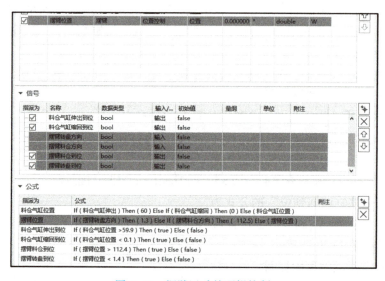

图 2-31 摆臂运动的逻辑控制

(3) 创建转盘运动的逻辑控制

① 在"添加参数"中,机电对象选择转盘的位置控制,"参数"选择"位置","别名"设为"转盘位置"。

② 在"信号"中,添加一个输入信号,"数据类型"为 bool,在"名称"中选择"转盘旋转"。

③ 在"添加参数"中,勾选"转盘位置"行。

④ 在"公式"中,指派"转盘位置"的公式为

$$If(转盘旋转)Then(转盘位置+90)Else(转盘位置)$$

创建完成后如图 2-32 所示。

图 2-32 转盘运动的逻辑控制

(4) 创建钻机运动的逻辑控制

① 在"添加参数"中,机电对象选择钻机的位置控制,"参数"选择"位置","别名"设为"钻机位置"。

② 在"信号"中,添加两个输入信号,"数据类型"为 bool,在"名称"中依次选择"钻头伸出"和"钻头缩回"。

③ 在"添加参数"中,勾选"钻机位置"行。

④ 在"公式"中,指派"钻机位置"的公式为

$$If(钻头伸出)Then(30)Else\ If(钻头缩回)Then(0)Else(钻机位置)$$

创建完成后如图 2-33 所示。

图 2-33 钻机运动的逻辑控制

(5) 创建钻头运动的逻辑控制

① 在"添加参数"中,机电对象选择钻头的速度控制,"参数"选择"速度","别名"设为"钻头速度控制"。

② 在"信号"中,添加三个输入信号,一个"数据类型"为 double,两个"数据类型"为 bool,在"名称"中依次选择"钻头速度""钻头旋转"和"钻头停止旋转",其中,"钻头速度"对应的"初始值"为 500 rev/min。

③ 在"添加参数"中,勾选"钻头速度控制"行。

④ 在"公式"中,指派"钻头速度控制"的公式为

If(钻头旋转)Then(钻头速度)Else If(钻头停止旋转)Then(0)Else(钻头速度控制)

创建完成后如图 2-34 所示。

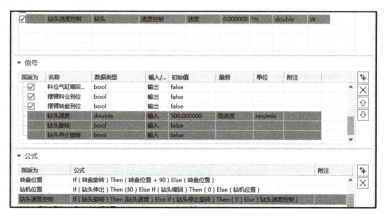

图 2-34 钻头运动的逻辑控制

(6) 创建检测杆运动的逻辑控制

① 在"添加参数"中,机电对象选择检测杆的位置控制,"参数"选择"位置","别名"设为"检测杆位置"。

② 在"信号"中,添加两个输入信号,"数据类型"为 bool,在"名称"中依次选择"检测杆伸出"和"检测杆缩回"。

③ 在"添加参数"中,勾选"检测杆位置"行。

④ 在"公式"中,指派"检测杆位置"的公式为

If(检测杆伸出)Then(40)Else If(检测杆缩回)Then(0)Else(检测杆位置)

创建完成后如图 2-35 所示。

图 2-35 检测杆运动的逻辑控制

(7) 创建吸盘吸取行为的逻辑控制

① 在"添加参数"中，机电对象选择吸盘的握爪，"参数"选择"抓握"，"别名"设为"吸盘吸取物料"。

② 在"信号"中，添加一个输入信号，"数据类型"为 bool，在"名称"中选择"吸盘吸取"。

③ 在"添加参数"中，勾选"吸盘吸取物料"行。

④ 在"公式"中，指派"吸盘吸取物料"的公式为

$$If(吸盘吸取)Then(true)Else(false)$$

创建完成后如图 2-36 所示。

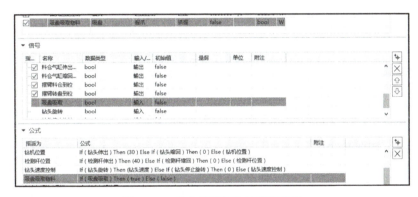

图 2-36　吸盘吸取行为的逻辑控制

(8) 创建吸盘释放行为的逻辑控制

① 在"添加参数"中，机电对象选择吸盘的握爪，"参数"选择"释放"，"别名"设为"吸盘释放物料"。

② 在"信号"中，添加一个输入信号，"数据类型"为 bool，在"名称"中选择"吸盘释放"。

③ 在"添加参数"中，勾选"吸盘释放物料"行。

④ 在"公式"中，指派"吸盘释放物料"的公式为

$$If(吸盘释放)Then(true)Else(false)$$

创建完成后如图 2-37 所示。

图 2-37　吸盘释放行为的逻辑控制

将"名称"改为"信号适配器",单击"确定"按钮完成创建。

步骤2:设置加工检测站的内部信号仿真

加工检测站在进行真实生产前,可以进行虚拟调试,以便提前发现问题并改进。使用内部信号进行仿真的思路如图2-38所示。

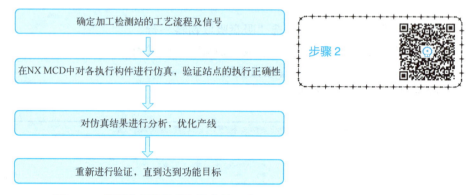

图2-38 使用内部信号进行仿真的思路

在序列编辑器中,右击根目录创建组,如图2-39所示。这里需要创建四个分组,分别是物料出现、料仓、摆臂和转盘。

1. 物料出现

在真实设备中需要人工放置物料,而在虚拟环境中可以用启动信号控制物料的出现,当启动信号置为true时,物料出现,模型便开始仿真。

创建步骤如下。

① 右击"物料出现"分组,选择"添加仿真序列",如图2-40所示,系统弹出"仿真序列"对话框。

图2-39 创建组

图2-40 添加仿真序列

② "机电对象"选择白料原料的对象源,"持续时间"为0 s;在"运行时参数"中勾选"活动"复选框,"值"为true;在"条件"中,"对象"选择"启动信号",并在逻辑控制设置区域将启动信号的值改为true;将"名称"改为"白料出现",单击"确定"按钮完成此仿真序列的创建,如图2-41所示。

③ 依照上述步骤完成"黑料出现"和"铝料出现"的创建步骤。

2. 料仓

料仓的运动仿真比较简单,只需要完成气缸的伸出和缩回动作。其创建步骤如下。

项目 2 加工检测站仿真

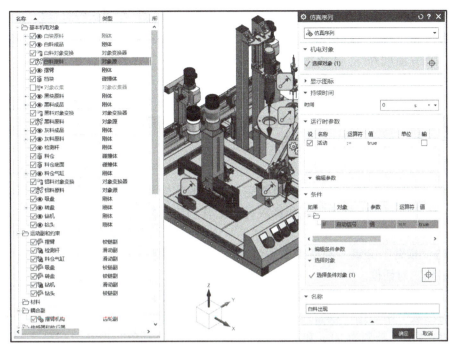

图 2-41 白料出现

① 右击"料仓"分组,选择"添加仿真序列",系统弹出"仿真序列"对话框。

② "机电对象"选择"信号适配器","持续时间"为 1 s;在"运行时参数"中勾选"料仓气缸伸出"和"料仓气缸缩回"复选框,"值"分别为 true 和 false;在"条件"中,"对象"选择"料仓传感器",并在逻辑控制设置区域将"料仓传感器"的值改为"true";将"名称"改为"料仓气缸伸出",单击"确定"按钮完成此仿真序列的创建,如图 2-42 所示。

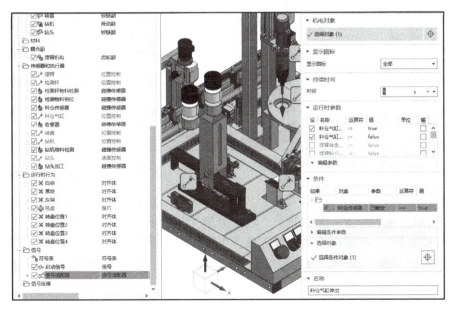

图 2-42 料仓气缸伸出

③"机电对象"选择"信号适配器","持续时间"为 1 s;在"运行时参数"中勾选"料仓气缸伸出"和"料仓气缸缩回"复选框,"值"分别为 false 和 true;在"条件"中,"对象"选择"信号适配器",在逻辑控制设置区域,"参数"选择"料仓气缸伸出到位",将"值"改为"true";将"名称"改为"料仓气缸缩回",单击"确定"按钮完成此仿真序列的创建。

④选择"料仓气缸伸出"和"料仓气缸缩回"的仿真序列,右击后选择"创建链接器",如图 2-43 所示。

3. 摆臂

摆臂的运动仿真比料仓复杂,不但要完成气缸的旋转和回位动作,还需要完成吸盘的吸取和释放行为。其创建步骤如下。

①右击"摆臂"分组,选择"添加仿真序列",系统弹出"仿真序列"对话框。

②"机电对象"选择信号适配器,"持续时间"为 0.5 s;在"运行时参数"中勾选"摆臂转盘方向"和"摆臂料仓方向"复选框,"值"分别为 false 和 true;在"条件"中,"对象"选择"信号适配器",在逻辑控制设置区域,"参数"选择"料仓气缸伸出到位",将"值"改为 true;将"名称"改为"摆臂料仓方向",单击"确定"按钮完成此仿真序列的创建,如图 2-44 所示。

图 2-43 创建链接器

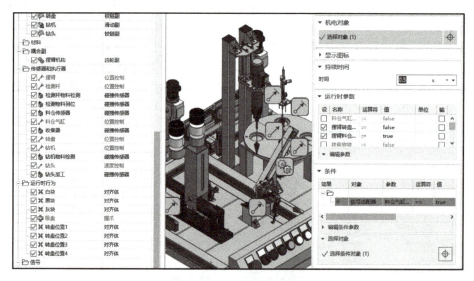

图 2-44 摆臂料仓方向

③"机电对象"选择"信号适配器","持续时间"为 0.5 s;在"运行时参数"中勾选"吸盘吸取"和"吸盘释放"复选框,"值"分别为 true 和 false;在"条件"中,"对象"选择"信号适配器",在逻辑控制设置区域,"参数"选择"摆臂料仓到位",将"值"改为"true";将"名称"改为"吸盘吸取",单击"确定"按钮完成此仿真序列的创建,如图 2-45 所示。

④"机电对象"选择"信号适配器","持续时间"为 1 s;在"运行时参数"中勾选"摆臂转盘方向"和"摆臂料仓方向"复选框,"值"分别为 true 和 false;将"名称"改为"摆

臂转盘方向",单击"确定"按钮完成此仿真序列的创建。

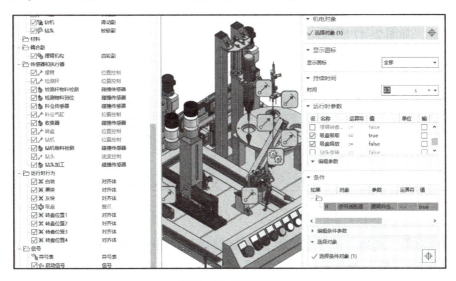

图 2-45　吸盘吸取

⑤ "机电对象"选择"信号适配器","持续时间"为 0.5 s；在"运行时参数"中勾选"吸盘吸取"和"吸盘释放"复选框,"值"分别为 false 和 true；在"条件"中,"对象"选择"信号适配器",在逻辑控制设置区域,"参数"选择"摆臂转盘到位",将"值"改为"true"；将"名称"改为"吸盘释放",单击"确定"按钮完成此仿真序列的创建。

⑥ 选择以上创建的四个仿真序列,右击后选择"创建链接器"。

4. 转盘

转盘分组的仿真是四个分组中最复杂的,因为不仅要完成自身的旋转,还需要配合钻头机构和检测机构完成物料的加工和检测,其创建步骤如下。

① 右击"摆臂"分组,选择"添加仿真序列",系统弹出"仿真序列"对话框,"机电对象"不选,"持续时间"为 2 s；在"条件"中,"对象"选择"检测物料到位的碰撞传感器",在逻辑控制设置区域,"参数"选择"已触发","值"为 true；将"名称"改为"转盘物料到位",单击"确定"按钮完成此仿真序列的创建,如图 2-46 所示。

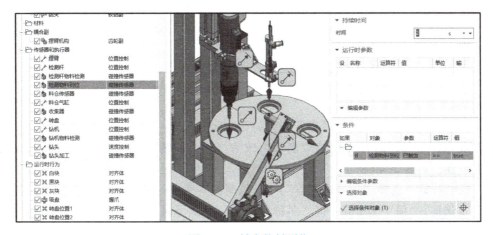

图 2-46　转盘物料到位

② "机电对象"选择"信号适配器","持续时间"为0s;在"运行时参数"中勾选"转盘旋转"复选框,"值"为true;将"名称"改为"转盘转动",单击"确定"按钮完成此仿真序列的创建,如图2-47所示。

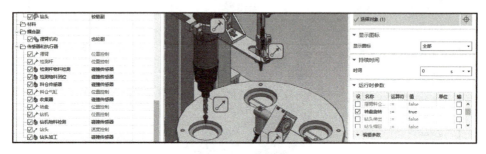

图2-47 转盘转动

③ "机电对象"选择"信号适配器","持续时间"为0s;在"运行时参数"中勾选"转盘旋转"复选框,"值"为false;在"条件"中,"对象"选择"信号适配器",在逻辑控制设置区域,"参数"选择"转盘旋转",将"值"改为"true";将"名称"改为"转盘旋转",信号置为"false",单击"确定"按钮完成此仿真序列的创建,选择以上创建的三个仿真序列,右击后选择"创建链接器"。

④ 右击"摆臂"分组,重新打开"仿真序列"对话框。"机电对象"不选,"持续时间"为1s;在"条件"中,"对象"选择"钻机物料检测的碰撞传感器",在逻辑控制设置区域,"参数"选择"已触发","值"为true;将"名称"改为"转盘钻机位置检测",单击"确定"按钮完成此仿真序列的创建,如图2-48所示。

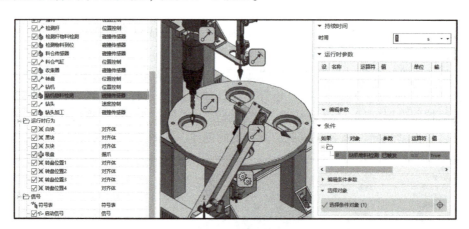

图2-48 转盘钻机位置检测

⑤ "机电对象"选择"信号适配器","持续时间"为0s;在"运行时参数"中勾选"钻头旋转"复选框,"值"为true;将"名称"改为"钻头旋转",单击"确定"按钮完成此仿真序列的创建,如图2-49所示。

⑥ "机电对象"选择"信号适配器","持续时间"为1s;在"运行时参数"中勾选"钻头伸出"复选框,"值"为true;将"名称"改为"钻头下降",单击"确定"按钮完成此仿真序列的创建,如图2-50所示。

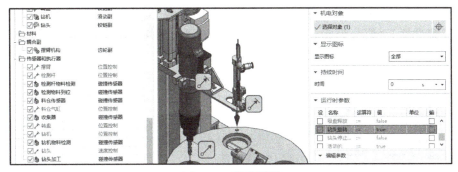

图 2-49 钻头旋转

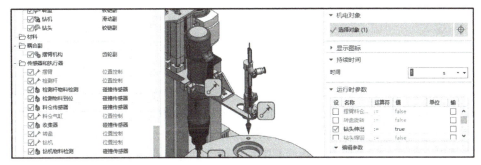

图 2-50 钻头下降

⑦ "机电对象"选择"信号适配器","持续时间"为 0 s；在"运行时参数"中勾选"钻头伸出"和"钻头缩回"复选框,"值"分别为 false 和 true；将"名称"改为"钻头上升",单击"确定"按钮完成此仿真序列的创建。"机电对象"选择"信号适配器","持续时间"为 0 s；在"运行时参数"中勾选"钻头旋转"和"钻头停止旋转"复选框,"值"分别为 false 和 true；将"名称"改为"钻头停止旋转",单击"确定"按钮完成此仿真序列的创建。

⑧ 选择以上创建的五个仿真序列,右击后选择"创建链接器"。

⑨ 右击"摆臂"分组,打开"仿真序列"对话框。"机电对象"不选,"持续时间"为 1 s；在"条件"中,"对象"选择检测杆物料检测的碰撞传感器,在逻辑控制设置区域,"参数"选择"已触发","值"为 true；将"名称"改为"转盘检测位置检测",单击"确定"按钮完成此仿真序列的创建,如图 2-51 所示。

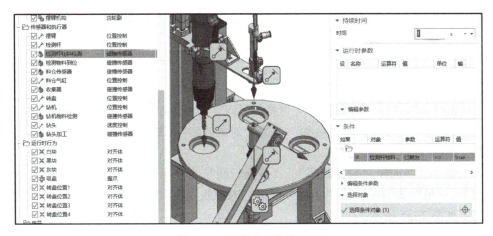

图 2-51 转盘检测位置检测

⑩ "机电对象"选择"信号适配器","持续时间"为 1 s;在"运行时参数"中勾选"检测杆伸出"复选框,"值"为 true;将"名称"改为"检测杆下降",单击"确定"按钮完成此仿真序列的创建,如图 2-52 所示。

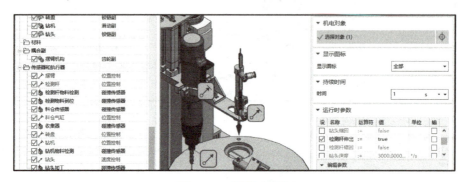

图 2-52 检测杆下降

⑪ "机电对象"选择"信号适配器","持续时间"为 0 s;在"运行时参数"中勾选"检测杆伸出"和"检测杆缩回"复选框,"值"分别为 false 和 true;将"名称"改为"检测杆上升",单击"确定"按钮完成此仿真序列的创建。

⑫ 选择以上创建的三个仿真序列,右击后选择"创建链接器"。

⑬ 右击"摆臂"分组,打开"仿真序列"对话框。"机电对象"不选,"持续时间"为 1 s;在"条件"中,"对象"选择收集器的碰撞传感器,在逻辑控制设置区域,"参数"选择"已触发",将"值"改为"true";将"名称"改为"对象收集信号",单击"确定"按钮完成此仿真序列的创建,如图 2-53 所示。

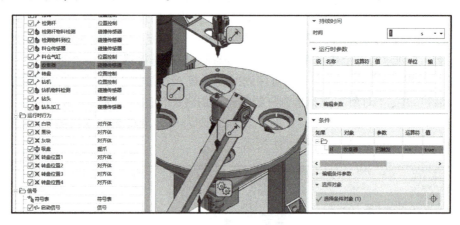

图 2-53 对象收集信号

⑭ "机电对象"选择"对象收集","持续时间"为 0.1 s;在"运行时参数"中勾选"活动"复选框,"值"为 true;将"名称"改为"对象收集",单击"确定"按钮完成此仿真序列的创建,如图 2-54 所示。

⑮ "机电对象"选择"对象收集","持续时间"为 0 s;在"运行时参数"中勾选"活动"复选框,"值"为 false;将"名称"改为"对象收集",单击"确定"按钮完成此仿真序列的创建,如图 2-55 所示。

⑯ 选择以上创建的三个仿真序列,右击后选择"创建链接器"。

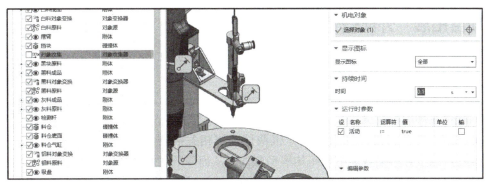

图 2-54　对象收集

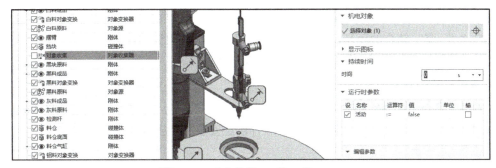

图 2-55　对象收集（"值"为 false）

5. 仿真运行

（1）仿真前的工作

在仿真开始前，需要在机电导航器中取消勾选白料原料、黑料原料、铝料原料的对象源及"对象收集"前面的复选框，如图 2-56 所示。这样，将"启动信号"置为 true 时，对象源才会启用，才能出现物料，否则一开始仿真原料便会出现。取消勾选"对象收集"前面的复选框，是因为物料碰到收集对象的传感器后，需要等待一定的时间才会消失，否则物料一碰到对象收集的传感器便会消失。

（2）开始仿真

单击"播放"按钮，系统开始仿真，观察设备的运行情况，如图 2-57 所示。

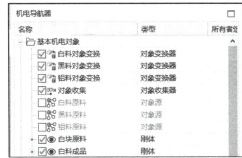

图 2-56　仿真前的工作

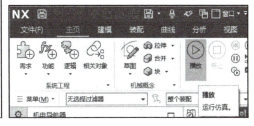

图 2-57　开始仿真

（3）优化改善

在仿真过程中，如出现不合适的地方应及时改正，直到整个站点运行稳定、流畅。

项目拓展 外部信号控制

上述项目实现了在 NX MCD 内部使用信号对仿真序列加以控制，从而实现对该站的虚拟仿真。同样也可以在虚拟 PLC 中创建信号，实现外部信号控制数字化样机进行调试，这也就是常说的软件在环虚拟调试。

项目拓展

虚拟调试支持并行设计和数字化样机调试，使相关控制软、硬件在产品设计早期就能够与机构模型联调，从而降低创新的风险，管理好产品设计过程信息和各个阶段的需求驱动设计。NX MCD 中的虚拟调试包含硬件在环虚拟调试和软件在环虚拟调试。本拓展项目采用的是软件在环虚拟调试。

软件在环虚拟调试是指控制部分与机械部分均采用虚拟部件，在虚拟 PLC 及其程序控制下组成的"虚-虚"结合的闭环反馈回路中进行程序编辑与验证的调试。

这里对使用外部信号控制数字化样机的步骤进行讲解。

1. 虚拟调试的软件

本拓展项目介绍的 NX MCD 虚拟调试用到的主要工具包括 NX MCD、博途 TIA Portal V16、S7-PLCSIM Advanced V3.0。确定以上三个软件已经安装并能正常使用。

2. 创建 PLC 项目

① 关闭杀毒和防护软件，如 360、电脑管家等。

② 双击博途软件的快捷图标，系统会弹出软件的界面。

③ 创建新项目。单击"创建新项目"，在"项目名称"中输入"项目 10 扩展项目"；"路径"可自行设置，这里设置在桌面位置；单击"创建"按钮，如图 2-58 所示。

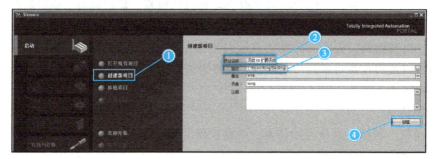

图 2-58 创建新项目

④ 进入项目视图。单击"项目视图"，如图 2-59 所示，系统会自动进入项目视图。

图 2-59 进入项目视图

⑤ 组态 PLC。双击左侧项目树中的"添加新设备"，系统弹出"添加新设备"对话框，选择 PLC 型号，这里选用 CPU 为 1512C-1 PN，订货号为 6ES7 512-1CK01-0AB0，版本为

V2.8，单击"确定"按钮，如图 2-60 所示。

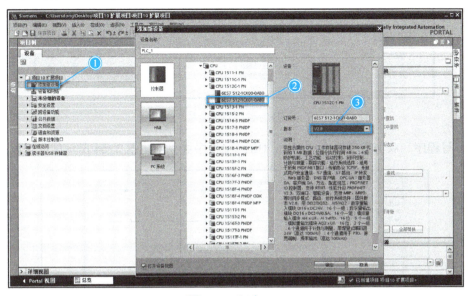

图 2-60　组态 PLC

⑥ 右击项目树中的项目名称"项目 10 扩展项目"，在弹出的菜单中选择"属性"命令，如图 2-61 所示。

⑦ 在项目属性对话框中选择"保护"选项卡的"保护"选项，在右侧选项区域中勾选"块编译时支持仿真"复选框，如图 2-62 所示。

⑧ 添加默认变量表。双击"PLC 变量"中的"默认变量表"，添加四个变量，分别是"伸出""缩回""料仓气缸伸出""料仓气缸缩回"，"数据类型"均为 Bool，"地址"分别为%M0.0、%M0.1、%Q0.0、%Q0.1，如图 2-63 所示。

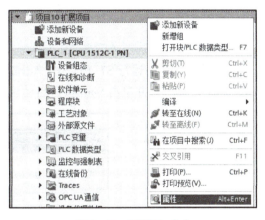

图 2-61　"属性"命令

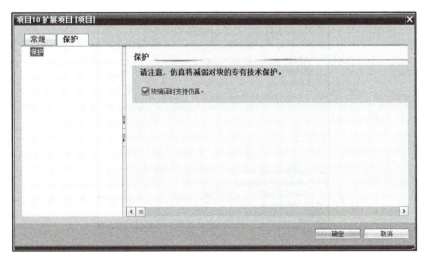

图 2-62　项目属性修改

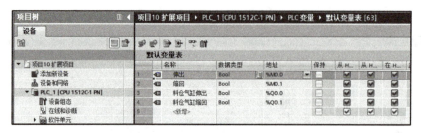

图 2-63　新建变量

⑨ 编写程序。双击程序块中的 Main[OB1]主程序块，创建图 2-64 所示的程序段。

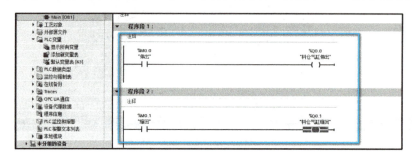

图 2-64　编写程序

3. 创建 S7-PLCSIM Advanced 实例并下载 PLC 项目组态到实例中

① 以管理员身份运行 S7-PLCSIM Advanced V3.0。在弹出的界面中，输入实例名称（Instance name）"abc"，并单击 Start 按钮启动该实例，如图 2-65 所示。

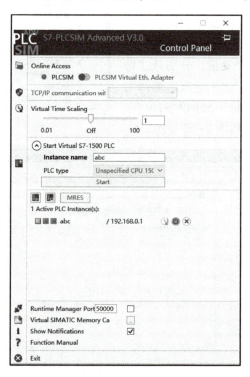

图 2-65　S7-PLCSIM Advanced V3.0 界面

② 切换到博途软件界面，单击工具条命令"下载到设备" ，如图 2-66 所示。

图 2-66　下载到设备

③ 在"下载预览"对话框中单击"装载"按钮，如图 2-67 所示。

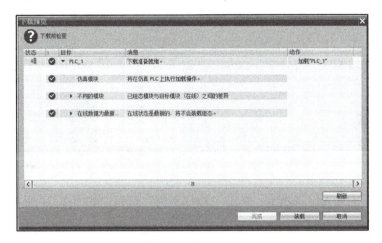

图 2-67　"下载预览"对话框

④ 在"下载结果"对话框的"启动模块"行选择"启动模块"，单击"完成"按钮，如图 2-68 所示。

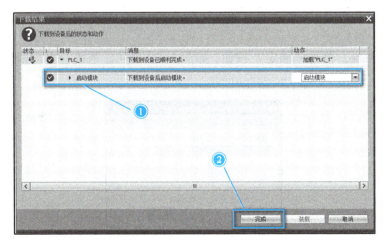

图 2-68　"下载结果"对话框

⑤ 单击工具条命令"转至在线"，如图 2-69 所示。

4. 在 NX MCD 中连接信号

① 切换到 NX MCD 界面，选择"符号表"→"外部信号配置"命令，系统弹出"外部信号配置"对话框，如图 2-70 所示。

图 2-69 转至在线

图 2-70 "外部信号配置"命令

② 切换到 PLCSIM Adv 选项卡,单击"添加实例"按钮,如图 2-71 所示。

图 2-71 "添加实例"按钮

③ 选择实例 abc,单击"确定"按钮,如图 2-72 所示。系统会自动回到"外部信号配置"对话框。

图 2-72 添加实例

④ 在"外部信号配置"对话框,"区域"选择 IOM,单击"更新标记"按钮,勾选"料仓气缸伸出"和"料仓气缸缩回"复选框,单击"确定"按钮,如图 2-73 所示。

⑤ 选择"信号映射"命令,如图 2-74 所示。

⑥ 在弹出的对话框中,选择"类型"为 PLCSIM Adv,"PLCSIM Adv 实例"为 abc,并在"MCD 信号"组中选择"名称"为"料仓气缸伸出"的信号,在"外部信号"组中,选择

项目2 加工检测站仿真

"名称"为"料仓气缸伸出"的信号。然后单击二组中间的"映射信号"按钮，就把 NX MCD 中的"料仓气缸伸出"信号与外部 PLCSIM Adv 信号"料仓气缸伸出"连接在一起了。此时，这两个信号的数值任意一个发生了变化，另外一个也会跟着发生变化，两值始终相等。

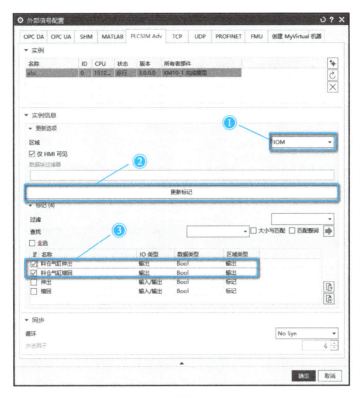

图 2-73 外部信号配置

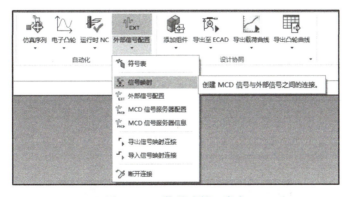

图 2-74 "信号映射"命令

⑦ 按照步骤⑥完成料仓气缸缩回信号的映射，单击"确定"按钮，完成信号映射的创建，如图 2-75 所示。

5. 仿真运行

① 在 NX MCD 软件界面序列编辑器中，取消勾选所有仿真序列的"启用"复选框，如图 2-76 所示。

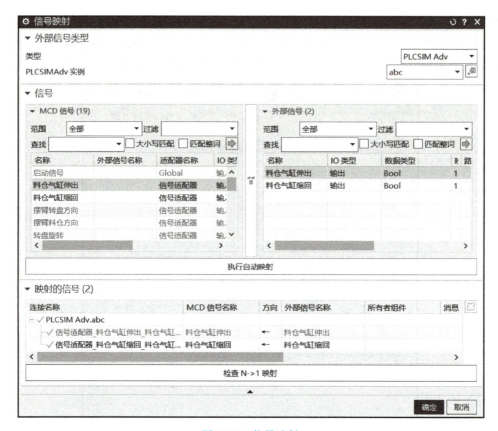

图 2-75 信号映射

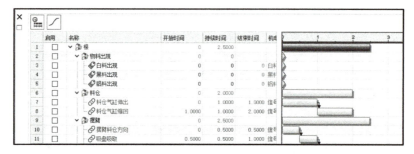

图 2-76 取消启用所有仿真序列

② 单击"播放"按钮，开始仿真，如图 2-77 所示。

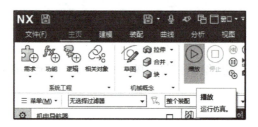

图 2-77 开始仿真

③ 切换到博途软件界面，在 Main 程序视图中单击"启用监视"按钮，如图 2-78 所示。

图 2-78　启用监视

④ 在 Main 程序视图中，将 M0.0 的信号置为 1，那么在 NX MCD 中料仓气缸将会执行伸出动作，如图 2-79 所示。

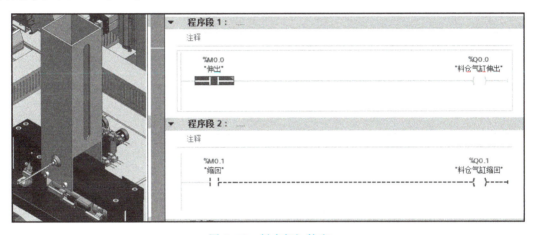

图 2-79　料仓气缸伸出

⑤ 将 M0.0 的信号置为 0，将 M0.1 的信号置为 1，那么在 NX MCD 中料仓气缸将会执行缩回动作，如图 2-80 所示。

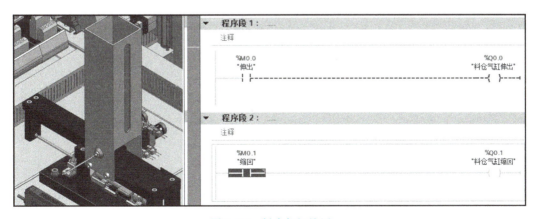

图 2-80　料仓气缸缩回

⑥ 仿真结束后，单击"停止仿真"按钮，将软件关闭并保存。

练习题

1. 请简单描述一下加工检测站的工艺流程。
2. 加工检测站由哪几部分组成？分别是什么？
3. 请简单描述一下真空吸盘的工作原理。
4. 在 NX MCD 仿真中，如果想将两个物体精确地放置在一起，可以使用什么指令？
5. 请简单描述一下信号适配器的作用。

项目 3　立体仓库虚拟调试

项目描述

立体仓库是自动化生产线中常用的装置,通过 NX MCD 软件的内部逻辑可以仿真控制运动机构自动存储的工作流程,对立体仓库进行虚拟仿真。本项目重点介绍了模型的导入、运动机构的创建方法及虚拟调试等内容。通过本项目的学习和训练,读者能够仿真非标自动化设备的动作,实现立体仓库自动存储的工作流程,实现立体仓库的虚拟仿真。立体仓库工站如图 3-1 所示。

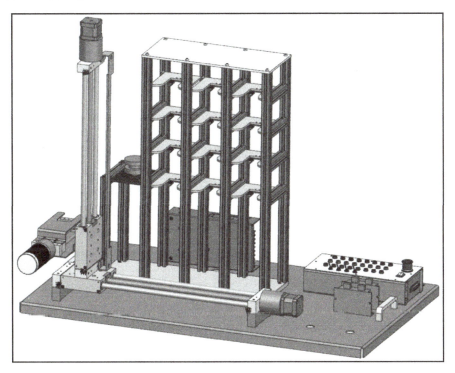

图 3-1　立体仓库工站

技能证书要求

对应的 1+X 生产线数字化仿真应用证书技能点	
1.1.2	能够根据生产线工艺文件,明确产品生产工艺过程
2.2.2	能根据设备的运动要求,定义各个设备运动机构的运动姿态

(续)

对应的 1+X 生产线数字化仿真应用证书技能点	
2.3.1	在虚拟仿真环境下,能够根据运动机构的运动分析建立相关输入、输出信号
3.1.3	能够根据生产线的动作要求,按时序方式设置生产线设备的动作顺序
3.2.2	能够根据生产线工艺及运动机构的运动关系,建立仿真顺序
3.2.5	能够应用虚拟仿真环境,完成对生产线工艺流程的初步验证

学习目标

- 掌握立体仓库的工艺流程以及各结构的功能,并能根据运动形式完成基本机电对象的创建。
- 掌握"信号"指令的使用方法,并能创建启动信号。
- 掌握"符号表"指令的使用方法,并能使用符号表创建多个信号。
- 掌握立体仓库创建输入、输出信号的方法,并能使用 Advanced 进行通信。
- 掌握立体仓库时序虚拟调试的方法,并能进行虚拟调试。
- 通过虚拟调试,养成安全规范的职业素养。
- 通过组内合作,提高团队协作及沟通能力。

学习导图

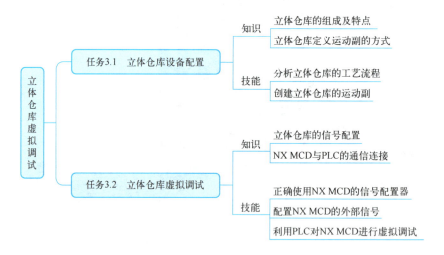

任务 3.1　立体仓库设备配置

请结合表 3-1 中的内容了解本任务和关键指标。

表 3-1　任务书

任务名称	立体仓库设备配置	任务来源	企业综合项目
姓　　名		实施时间	
任务描述	某工厂要对立体仓库进行仿真设计，现需要在 NX MCD 软件中进行立体仓库的虚拟调试，实现各组件的功能。要求：完成工艺流程和功能分析，确保模型完整。		
关键指标要求	1. 将立体仓库模型导入，保证模型完整。 2. 分析立体仓库的工艺流程和功能。		

 知识准备

3.1.1　立体仓库的工艺流程

立体仓库工站用于物料的取放。当立体仓库开始运行时，三轴运动机构从起始点移动到取料位置，取料装置伸出将物料抬起后缩回，移动至仓库，伸出后下降将物料放至仓库内，然后取料装置缩回再移回至起始点，完成物料放至仓库内的放料工作过程；三轴运动机构移动到仓库，取料装置伸出将物料抬起后缩回，移动至起始位置，完成物料取出的工作过程。

立体仓库的工艺流程

3.1.2　立体仓库的结构及仿真方法

1. 立体仓库工站设备组成

立体仓库工站由三轴运动机构、立体仓库工作台、立体仓库以及取料口组成，如图 3-2 所示。

立体仓库的结构及仿真方法

三轴运动机构的作用是拾取物料或放置物料至指定位置；立体仓库工作台的作用是为各个机构提供稳定的平面；立体仓库的作用是放置物料；取料口的作用是提供物料。

2. 立体仓库工站的特点

1）立体仓库能连续、大批量地取放物料，本项目中的立体仓库工站能够完成物料的放置与拾取。

2）立体仓库工站的时间成本低，本项目在放置或拾取物料时可节省大量时间。

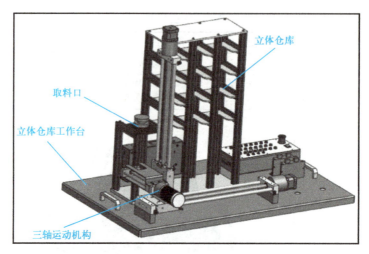

图 3-2　立体仓库工站的结构

3）立体仓库工站的存储作业基本实现无人化，本项目中物料的放置与拾取都不需要人工参与，由产线独立进行，完成存储任务。

3. 立体仓库工站主要结构仿真

立体仓库工站的主要执行机构是三轴运动机构，需要掌握三轴运动机构的工作过程和其在 NX MCD 中的仿真方法。

在 NX MCD 中，要实现三轴运动机构的仿真，需要先将三轴分别设置为合适的刚体，再在基本运动副中为刚体创建滑动副，然后添加位置控制，实现三轴运动机构的定向移动仿真。

3.1.3　软件术语及指令应用

本任务中主要使用的软件术语及指令有滑动副和螺旋副，需要定义的螺旋副有三个电缸。

软件术语及指令应用

1. 滑动副

"滑动副"指令的图标是 ，可在软件"主页"选项卡→"机械组"→"基本运动副"中找到。滑动副的作用是对两部件添加约束，使其中一个部件相对另一部件只有滑动的运动方式。

2. 螺旋副

"螺旋副"指令的图标是 ，可在软件"主页"选项卡→"机械组"→"基本运动副"中找到。螺旋副的作用是连接两个刚体的运动，使一者的角动量按螺距转变为另一者的动量。

任务实施

完成立体仓库工站虚拟调试需要两个步骤：①配置基本机电对象；②配置运动机构。

步骤 1：配置基本机电对象

配置基本机电对象的思路如图 3-3 所示。

1. 模型的导入

① 将 ltck.stp 文件夹放置到 D:\ZTecno\XM3\demo3-1 路径下。

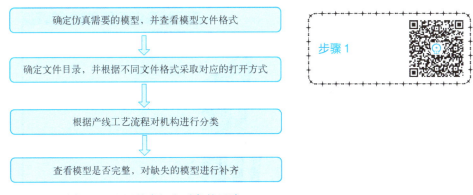

图 3-3 配置基本机电对象的思路

② 打开 NX，在菜单栏中选择"文件"后单击"导入"，选择 step242 命令，在弹出的对话框中选择 D:\ZTecno\XM3\demo3-1 路径下的 ltck.stp 文件后单击"打开"按钮。

2. 刚体创建

观察立体仓库模型，找出立体仓库中需要创建为刚体的部分。

在 NX MCD 中单击"刚体"按钮，如图 3-4 所示。

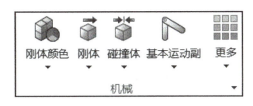

图 3-4 "刚体"按钮

在弹出的对话框中先单击"选择对象"，然后选择要设为刚体的模型，接着修改"名称"并单击"确定"按钮，完成刚体的创建。

根据表 3-2 依次创建需要的刚体。

表 3-2 刚体列表

机　　构	作　　用
XYZ 运动机构	创建滑动副
运动轴	创建铰链副
物料	使物料运动

具体的创建流程如下所示。

（1）XYZ 运动机构

① X 轴的刚体创建：打开"刚体"对话框；选择只在 X 轴上运动的部件，"名称"修改为"X 轴"；单击"确定"按钮完成 X 方向运动部件的刚体创建，如图 3-5 所示。

② Y 轴的刚体创建：打开"刚体"对话框；选择只在 Y 轴上运动的部件，"名称"修改为"Y 轴"；单击"确定"按钮完成 Y 方向运动部件的刚体创建，如图 3-6 所示。

③ Z 轴的刚体创建：打开"刚体"对话框；选择只在 Z 轴上运动的部件，"名称"修改为"Z 轴"；单击"确定"按钮完成 Z 方向运动部件的刚体创建，如图 3-7 所示。

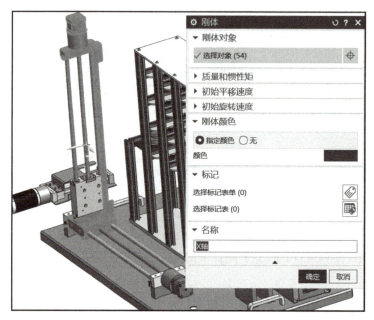

图 3-5　X 方向的运动部件

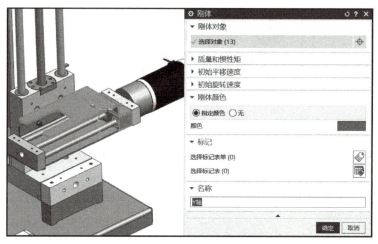

图 3-6　Y 方向的运动部件

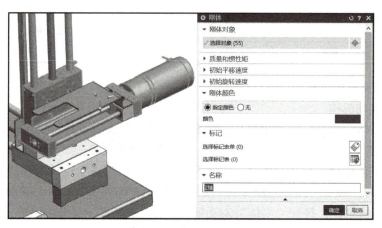

图 3-7　Z 方向的运动部件

(2) 运动轴

① X 轴滚珠丝杠的刚体创建：打开"刚体"对话框；选择 X 轴滚珠丝杠，"名称"修改为"X 滚珠轴"；单击"确定"按钮完成 X 轴滚珠丝杠的刚体创建，如图 3-8 所示。

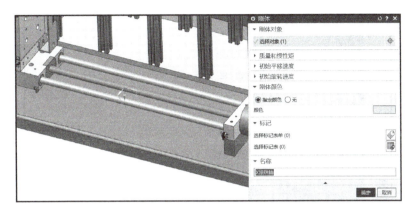

图 3-8　X 轴滚珠丝杠

② Y 轴滚珠丝杠的刚体创建：打开"刚体"对话框；选择 Y 轴滚珠丝杠，"名称"修改为"Y 滚珠轴"；单击"确定"按钮完成 Y 轴滚珠丝杠的刚体创建，如图 3-9 所示。

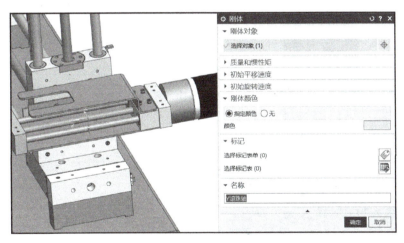

图 3-9　Y 轴滚珠丝杠

③ Z 轴滚珠丝杠的刚体创建：打开"刚体"对话框；选择 Z 轴滚珠丝杠，"名称"修改为"Z 滚珠轴"；单击"确定"按钮完成 Z 轴滚珠丝杠的刚体创建，如图 3-10 所示。

(3) 物料

打开"刚体"对话框；选择物料，"名称"修改为"物料"；单击"确定"按钮完成物料的刚体创建，如图 3-11 所示。

3. 模型的碰撞设置

打开模型后选择"碰撞体"指令，指令位置如图 3-12 所示。

根据表 3-3 依次创建合适的碰撞体。

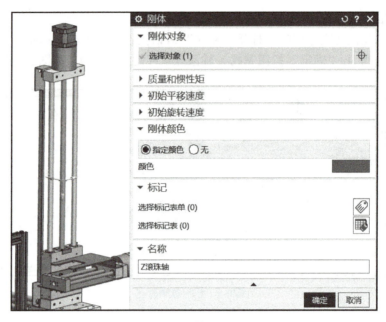

图 3-10　Z 轴滚珠丝杠

图 3-11　物料的刚体创建

图 3-12　"碰撞体"指令位置

表 3-3 碰撞体列表

部件	碰撞体类型	作用
物料	多个凸多面体	发生碰撞、与提爪交互
料仓	网格面	
Y 轴提爪	凸多面体	

具体的创建流程如下所示。

① 物料的碰撞体：打开"碰撞体"对话框；在对话框中将"碰撞形状"改为"多个凸多面体"，"选择对象"为物料的每个面；"名称"修改为"物料"，单击"确定"按钮完成物料的碰撞体设置，如图 3-13 所示。

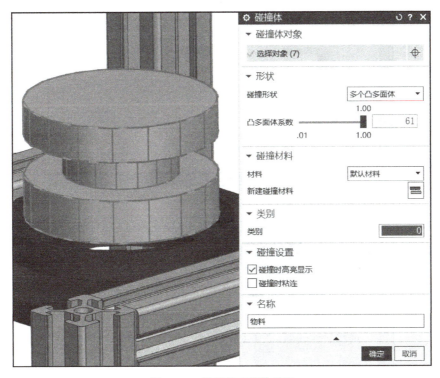

图 3-13 物料的碰撞体设置

② 料仓的碰撞体：打开"碰撞体"对话框；在对话框中将"碰撞形状"改为"网格面"，"选择对象"为料仓的顶面；"名称"修改为"1 料仓"，单击"确定"按钮完成料仓的碰撞体设置，如图 3-14 所示。

③ Y 轴提爪的碰撞体：打开"碰撞体"对话框；在对话框中将"碰撞形状"改为"凸多面体"，"选择对象"为提爪槽面，如图 3-15 所示。需要为左右两个槽爪分别创建碰撞体。

步骤 2：配置运动机构

真实设备有其确定的运动方式和工作范围，以及在产线中发挥的作用，所以在 NX MCD 中的运动机构配置思路如图 3-16 所示。

根据项目需求创建滑动副、铰链副、螺旋副。

1）项目中需要创建滑动副的对象为 XYZ 轴的运动。"基本运动副"指令位置如图 3-17 所示。

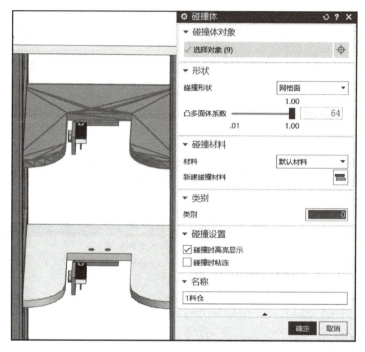

图 3-14　料仓的碰撞体设置

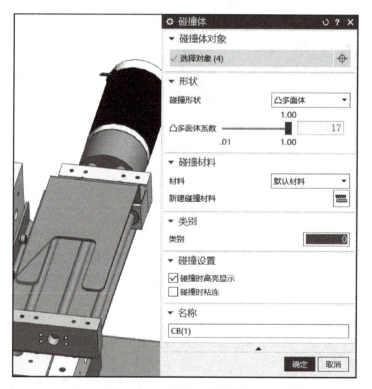

图 3-15　Y 轴提爪碰撞体设置

X 轴滑动副的创建步骤如下。

① 选择"滑动副"，连接件选择刚体"X 轴"，基本件不做选择。

② 轴矢量与模型 X 方向相同；上、下限分别为 367 mm 和 0 mm。

项目3 立体仓库虚拟调试

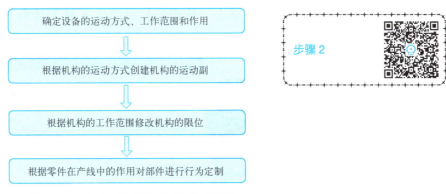

图 3-16 配置立体仓库运动机构的思路

图 3-17 "基本运动副"指令位置

③ 修改"名称"为"X 轴",单击"确定"按钮,完成 X 轴滑动副的创建,如图 3-18 所示。

图 3-18 X 轴滑动副的创建

Y 轴滑动副的创建步骤如下。
① 选择"滑动副",连接件选择刚体"Y 轴",基本件选择刚体"Z 轴"。
② 轴矢量与模型 Y 向相反;上、下限分别为 143.5 mm 和 0 mm。

③ 修改"名称"为"Y 轴",单击"确定"按钮完成 Y 轴滑动副的创建,如图 3-19 所示。

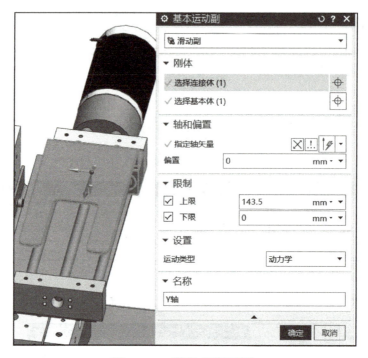

图 3-19　Y 轴滑动副的创建

Z 轴滑动副的创建步骤如下。

① 选择"滑动副";连接件选择刚体"Z 轴",基本件选择刚体"X 轴"。

② 轴矢量向下为正;上、下限分别为 367 mm 和 0 mm。

③ 单击"确定"按钮完成竖向滑动副的创建,如图 3-20 所示。

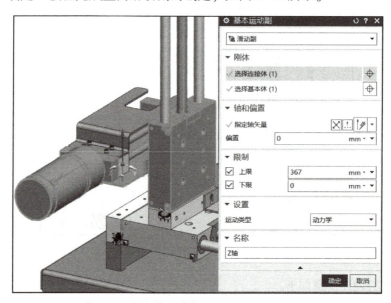

图 3-20　Z 轴滑动副的创建

2）需要铰链副的有三个滚珠丝杠。

X 轴滚珠丝杠的创建步骤如下。

① 打开"基本运动副"对话框，选择"铰链副"。

② 连接件选择刚体"X 滚珠轴"，基本件不做选择；轴矢量与滑动副"X 轴"相同。

③ 单击"确定"按钮完成 X 轴滚珠丝杠的铰链副创建，如图 3-21 所示。

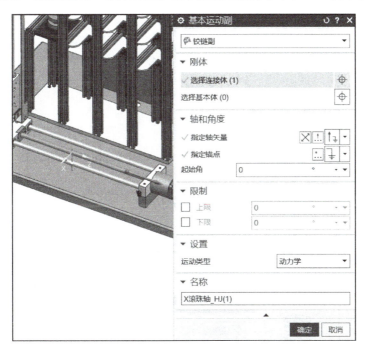

图 3-21　X 轴滚珠丝杠的铰链副设置

Y 轴滚珠丝杠的创建步骤如下。

① 打开"基本运动副"对话框，选择"铰链副"。

② 连接件选择刚体"Y 滚珠轴"，基本件选择刚体"Z 轴"；轴矢量与滑动副"Y 轴"相同。

③ 单击"确定"按钮完成 Y 轴滚珠丝杠的铰链副创建，如图 3-22 所示。

Z 轴滚珠丝杠的创建步骤如下。

① 打开"基本运动副"对话框，选择"铰链副"。

② 连接件选择刚体"Z 滚珠轴"，基本件选择刚体"X 轴"；轴矢量与滑动副"Z 轴"相同。

③ 单击"确定"按钮完成 Z 轴滚珠丝杠的铰链副创建，如图 3-23 所示。

3）需要创建螺旋副的有 XYZ 三轴的滚珠丝杠。

X 轴螺旋副的创建步骤如下。

① 打开"基本运动副"对话框，选择"螺旋副"。

② 连接件选择刚体"X 轴"，基本件选择刚体"X 滚珠轴"；轴矢量与 X 轴滑动副同向，锚点在滚珠丝杠轴线上。

③ "螺距"设为 3 mm，单击"确定"按钮完成 X 轴螺旋副的创建，如图 3-24 所示。

Y 轴螺旋副的创建步骤如下。

① 打开"基本运动副"对话框，选择"螺旋副"。

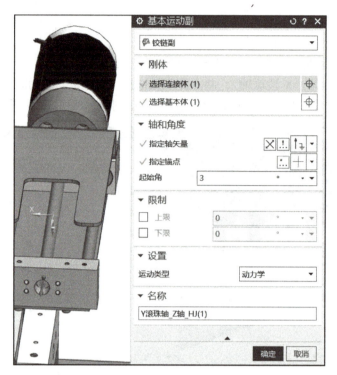

图 3-22　Y 轴滚珠丝杠的铰链副设置

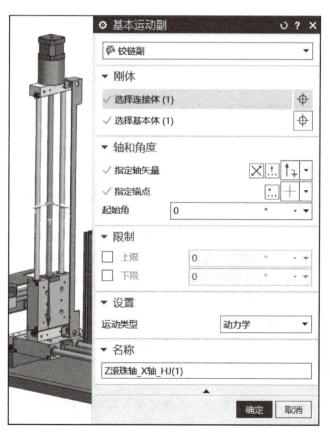

图 3-23　Z 轴滚珠丝杠的铰链副设置

图 3-24 X 轴螺旋副

② 连接件选择刚体"Y 轴",基本件选择刚体"Y 滚珠轴";轴矢量与 Y 轴滑动副同向,锚点在滚珠丝杠轴线上。

③ "螺距"设为 3 mm,单击"确定"按钮完成 Y 轴螺旋副的创建,如图 3-25 所示。

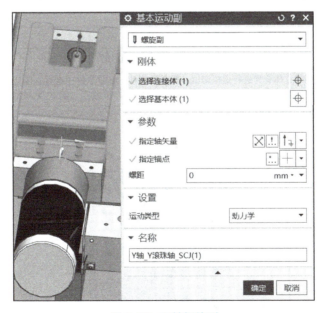

图 3-25 Y 轴螺旋副

Z 轴螺旋副的创建步骤如下。

① 打开"基本运动副"对话框,选择"螺旋副"。

② 连接件选择刚体"Z 轴",基本件选择刚体"Z 滚珠轴";轴矢量与 Z 轴滑动副同向,锚点在滚珠丝杠轴线上;

③ "螺距"设为 3 mm；单击"确定"按钮完成 Z 轴螺旋副的创建，如图 3-26 所示。

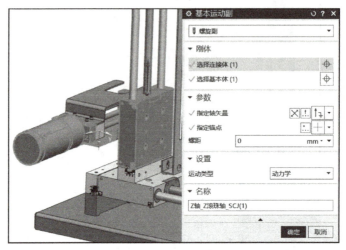

图 3-26　Z 轴螺旋副

任务 3.2　立体仓库虚拟调试

任务提出

请结合表 3-4 中的内容了解本任务和关键指标。

表 3-4　任务书

任务名称	立体仓库虚拟调试	任务来源	企业综合项目
姓　　名		实施时间	
任务描述	某工厂要对立体仓库进行虚拟调试，现需要在 NX MCD 软件中进行立体仓库工站的虚拟调试操作，实现各组件的功能。要求：进行立体仓库工站设备操作的建立、输入/输出信号的建立、与 PLC 的通信，完成立体仓库的虚拟调试。		
关键指标要求	三轴运动机构能够在信号的控制下将物料放至仓库。		

 知识准备

3.2.1 虚拟调试

NX MCD 的虚拟调试基于设计对象的数字化模型，可以接入控制软件、控制硬件，这样虚拟调试就可以在产品设计的各个阶段进行。在虚拟调试阶段，用户通过不断地修改去完善结构设计和控制设计，在没有实物的条件下提前进行优化，从而能够快速地把控制系统接入实物模型，进行最后的调试和验证。

3.2.2 软件术语及指令应用

本任务中主要使用的软件术语及指令有信号适配器、外部信号配置和信号映射。本任务中需要定义的螺旋副的有三个电缸。

1. 信号适配器

"信号适配器"指令的图标是 ，可在软件"主页"选项卡→"电气"栏→"符号表"下拉菜单中找到，信号适配器的作用是定义 OPC 映射。

2. 外部信号配置

"外部信号配置"指令的图标是 ，可在软件"主页"选项卡→"自动化"栏→"符号表"下拉菜单中找到，外部信号配置的作用是配置客户端的外部信号。

3. 信号映射

"信号映射"指令的图标是 ，可在软件"主页"选项卡→"自动化"栏→"符号表"下拉菜单中找到，信号映射的作用是创建 NX MCD 信号与外部信号之间的连接。

 任务实施

步骤 1：设置立体仓库的控制信号

设置控制信号主要用"信号适配器"指令，当然这是为了进行虚拟调试，如果只是单纯的信号控制可以用"信号"或者"运行时表达式"指令。

利用"信号适配器"指令进行信号控制的流程如下。

① 打开"信号适配器"对话框，指令位置如图 3-27 所示。

② 在"信号适配器"对话框中添加机电对象。将三个位置控制轴添加到信号适配器中，选择什么参数就是控制什么参数，这里选择"位置"，并为它们输入合适的名称，如图 3-28 所示。

③ 添加信号。为每个轴添加一个目标位置和反馈位置，目标位置是输入，反馈位置是输出，完成后如图 3-29 所示。

④ 设置公式。公式也就是机电对象和信号的交互行为。这里需要将目标位置指派给轴，并且轴也需要将自己的位置信号指派给反馈位置。完成后的效果如图 3-30 所示。

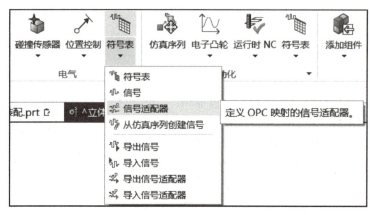

步骤1

图 3-27 "信号适配器"指令位置

图 3-28 信号适配器的机电对象

图 3-29 信号适配器的信号

图 3-30 信号适配器的公式

⑤ 修改名称并且单击"确定"按钮，完成信号适配器的创建，如图 3-31 所示。

步骤 2：设置立体仓库与 PLC 的连接

将 NX MCD 与 PLC 连接需要另外用到 PLCSIM Advanced 和 TIA Portal（博途软件），其中，前者是 PLC 的仿真软件，后者是 PLC 的编程在线控制软件。

步骤2

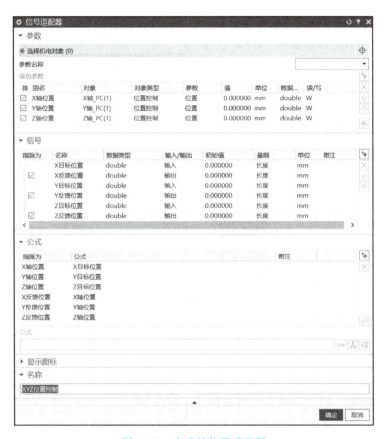

图 3-31　完成的信号适配器

① 打开 TIA Portal，打开现有项目文件（D:\ZTecno\XM3\demo3-2\3-2\3-2.ap16），打开项目视图。右击左侧栏 3-2，选择"属性"→"保护"，勾选"块编译时支持仿真"复选框，如图 3-32 所示。单击"确定"按钮完成对项目属性的编辑。

图 3-32　项目属性

② 将 TIA Portal 中 PLC 的 IP 地址设为 192.168.2.1，完成后如图 3-33 所示。

图 3-33　PLC 的 IP 地址

③ 完成 TIA Portal 中的设置后打开 PLCSIM Advanced；单击 Start Virtual S7-1500 PLC 左侧的下拉箭头，在项目名称中输入"3-2"，单击 Start 按钮完成 PLCSIM Advanced 的设置，如图 3-34 所示。

注：博途需要设置"块编译时支持仿真"才能将程序和硬件设置下载至 PLCSIM Advanced。至此完成博途与 PLCSIM Advanced 的设置。

步骤 3：设置立体仓库的虚拟调试

首先需要将博途中的程序下载到 PLC，也就是 PLCSIM Advanced 中，接着在 NX MCD 中进行设置。

步骤 3

① 打开"外部信号配置"对话框，"实例"选择"3-2"，"区域"选择为 IOM；更新"标记"，"标记"中选择需要与 PLC 交互的信号；单击"确定"按钮完成信号的连接，如图 3-35 所示。

图 3-34　PLCSIM Advanced 的设置

图 3-35　完成的外部信号配置

② 信号映射。首先打开"信号映射"对话框，指令位置如图 3-36 所示。"类型"选择 PLCSIM Adv，"PLCSIMAdv 实例"选择"3-2"；因为 NX MCD 信号和 PLC 变量需要交互的信号同名且 IO 正确，所以单击"执行自动映射"按钮即可。如果不同就需要手动映射，输入映射输出、输出映射输入。单击"确定"按钮完成信号映射，如图 3-37 所示。

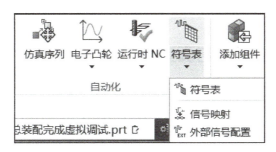

图 3-36 "信号映射"指令位置

图 3-37 完成信号映射

③ 单击"播放"按钮后就可以用 PLC 控制 NX MCD 中的运动机构了。单击"播放"按钮，然后打开 TIA Portal 窗口，打开 Main（ob1）块，打开监视功能，将 M100.0 修改为 1，然后就能看见 PLC 控制 NX MCD 的运动，将物料搬运到料仓 1 内。

> **职业素养**
>
> 认真是一种态度，是一种高度负责的精神，做任何工作都逃不过"认真"二字，要想把工作做好，唯有坚持严谨细致的工作作风。本任务是建立 NX MCD 与虚拟 PLC 的连接，在对信号的设置上要求一一对应，名称和信号保持一致才能实现自动控制，在学习的过程中特别需要细致严谨的认真态度。

项目拓展　NX MCD 与真实 PLC 的连接

在 NX MCD 软件中要实现与真实 PLC 的连接，除了 PROFINET，还有 OPC 服务器的方式。

OPC 服务器的优势是创建简单，可快速实现连接。基于 OPC 实现虚拟仿真调试是一种很常见的技术手段，以 NX MCD 模块中的 OPCUA 通信配置为桥梁，可搭建 NX MCD 中的信号控制与自带 OPC UA 服务功能的 S7-1500 PLC 之间的通信。

项目拓展

这里对创建 OPC UA 的操作进行讲解。

（1）PLC 设置

① 在 TIA Portal 软件中添加 S7-1500 PLC；勾选"激活 OPC UA 服务器"复选框，如图 3-38 所示。

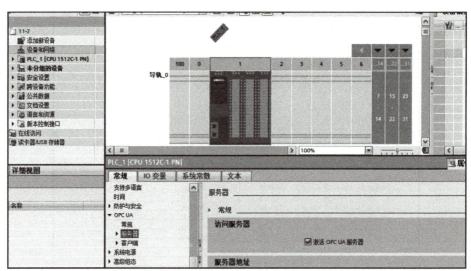

图 3-38　OPC UA 的激活

② 选择购买的许可证类型，如图 3-39 所示。

③ 有了这些设置，将项目下载到真实 PLC 后才能与 NX MCD 进行 OPC 通信。

（2）NX MCD 设置

① 打开"OPC UA 服务器"，如图 3-40 所示。

② 在"端点 URL"中输入 OPC UA 的服务器地址，地址获取位置如图 3-41 所示。

③ 输入地址后按〈Enter〉键，选择 None-None；单击"确定"按钮，完成服务器的添加。到此完成真实 PLC 与 NX MCD 的连接。

④ 进行信号映射。信号映射与虚拟调试的方式一致，勾选需要交互的信号即可。完成信

号映射后就能用真实 PLC 对 NX MCD 设备进行控制了。

图 3-39　OPC UA 的运行许可

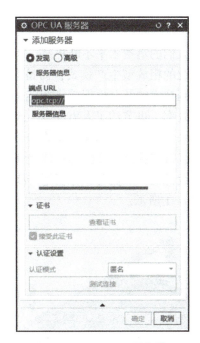

图 3-40　OPC UA 服务器

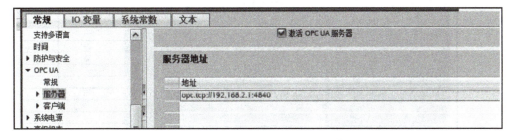

图 3-41　OPC UA 服务器地址获取位置

练习题

1. PLC 的输入、输出和 NX MCD 中的输入、输出有什么对应关系？
2. 怎么把外部信号添加到映射列表？
3. 需要满足什么条件才能正确执行自动映射？

项目 4　生产线仿真设计

项目描述

随着科学技术的不断发展，人们的消费水平不断提高，对汽车、家电等工业制成品的需求也不断增加。现代工业不再是传统的粗放型生产模式，而是自动化、高效率的精益生产方式。生产线、工业机器人以及电子控制技术的结合也促使了智能化技术更好地在工业生产中展开。智能检测生产线不但提高了生产效率，也节约了人力成本，改善了劳动条件。那智能检测生产线是如何设计的呢？让我们一起来了解一下。本项目重点介绍了生产线仿真设计的任务规划、智能检测生产线的工艺流程分析、智能检测生产线的整体设计以及各站设计。通过本项目的学习和训练，读者能够了解生产线设计的一般流程，分析生产线的生产工艺以及机械结构。本项目所依托的智能检测生产线如图 4-1 所示。

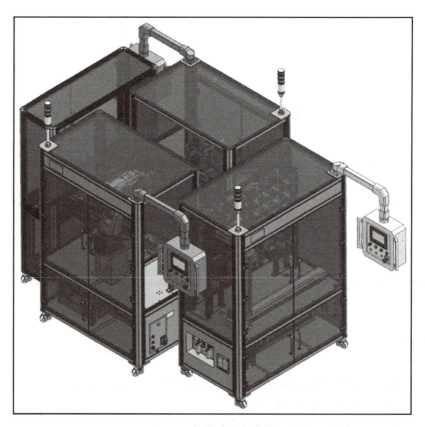

图 4-1　智能检测生产线

项目4 生产线仿真设计

 技能证书要求

对应的1+X生产线数字化仿真应用证书技能点	
1.1.1	能够根据初始工艺要求，描述产品在生产线上的生产过程
1.1.2	能够根据生产线工艺文件，明确产品生产工艺过程
1.1.3	能够根据生产线工艺流程，描述设备与设备、设备与产品之间的协同关系
1.2.1	能够根据生产线的功能原理，描述生产线上各个设备的功能及运动特性
1.2.2	能够根据设备机构的运动特性及特点，分析相关运动关系
1.2.4	能够根据生产线工艺要求，确定机构运动参数

 学习目标

- 了解任务书的主要内容，并能根据实际需求编写任务书的主要流程。
- 了解任务书规划的重点内容，并能根据任务书编写设计方案。
- 了解智能检测生产线的任务需求、目标及功能，并能制定可实施的技术方案。
- 了解工艺流程的定义和生产工艺流程管理的主要内容，并能分析智能检测生产线的工艺流程。
- 了解生产线的几个重点工艺环节，并能分析各站的工艺流程。
- 了解智能检测生产线设计的工艺流程及方法，并能对智能检测生产线进行整体设计。
- 了解一般自动化生产线主要结构的五大组成部分，并能对智能检测生产线各站进行结构设计。
- 通过产线规划，培养学生理论联系实际的工作作风。

学习导图

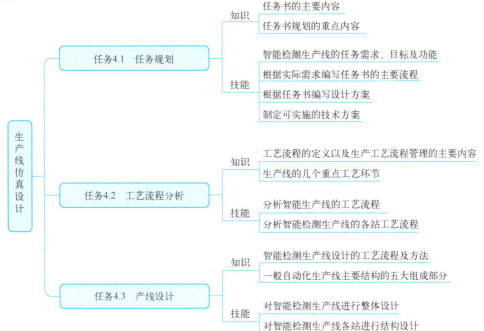

任务 4.1 任务规划

请结合表 4-1 中的内容了解本任务和关键指标。

表 4-1 任务书

任务名称	任务规划	任务来源	企业综合项目
姓　　名		实施时间	
任务描述	某公司需要设计一条智能检测生产线，完成小车的装配，并实现自主检测。生产线需要自动化运行，可生产定制化产品。要求：首先明确智能检测生产线的任务需求、任务目标及功能需求，然后根据任务书完成产线的技术特性分析，如布局、各站的技术参数等，确定各站的仿真方法。		
关键指标要求	1. 任务书规划的重点内容。 2. 智能检测生产线的技术特性。 3. 智能小车的设计方案。 4. 智能检测生产线的仿真方法。		

4.1.1 任务分析

1. 功能分析

在任务开始时，要先进行功能分析，包括确定任务需求、任务目标和功能需求。

1) 确定任务需求，就是确定要完成的产品，掌握产品的

任务分析

部件和零件组成，确定各部件和零件组装上的先后顺序。

2）确定任务目标，就是明确产线的功能范围、基本功能，以及这些基本功能的实现方式。

3）确定功能需求，就是明确产线的具体要求。除了生产功能外，还要实现生产过程实时可视化、实时反馈物料和成品的使用数据等产线智能管理功能。

2. 工艺分析

在功能分析后要进行工艺分析，既要考虑实现产品的装配工艺，满足要求的生产节拍，还要考虑输送系统与各专机和机器人之间在结构与控制方面的衔接，通过工序与节拍优化使生产线的结构最简单、效率最高，获得最佳的性价比。

3. 详细设计

工艺确定后就可以进行详细设计了。详细设计阶段包括机械结构设计和电气控制系统设计。

（1）机械结构设计

详细设计阶段耗时最长、工作量最大的工作为机械结构设计，包括各专机结构设计和输送系统设计。设计图包括装配图、部件图、零件图、气动回路图、气动系统动作步骤图、标准件清单、外购件清单、机加工件清单等。

（2）电气控制系统设计

电气控制系统设计的主要工作为根据机械结构的工作过程及要求确定一些位置，用于工件或机构检测的传感器分布方案，以及完成电气原理图、接线图、输入/输出信号地址分配图、PLC控制程序、电气元件及材料外购清单等。

4. 仿真设计

在设计阶段完成后，通过仿真对系统的结构和配置方案进行优化，以保证系统既能完成预定的设计要求又能获得很好的柔性、可靠性和经济性，还能有效防止较大的经济损失，从而充分发挥制造系统的生产能力，提高经济效益。

数字化生产线强调整个制造活动的有效控制与管理，以及内外部资源的合理应用与优化配置，是数字化制造与数字化管理技术的集成。通过数字化生产线提供的仿真环境，设计人员可对产品及其生产过程进行建模、仿真及优化，以加快产品开发周期，减少失误、降低成本。数字化生产线建模仿真是通过构建物理生产线的数学模型，利用相应仿真算法来模拟实际生产线的活动和状态，从而为生产线布局设计及调度决策提供科学依据的技术。

4.1.2 任务规划重点

1. 总体方案设计

总体方案设计至关重要，需要在对产品装配工艺流程进行充分研究的基础上进行。

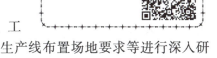

1）对产品的结构、使用功能及性能、装配工艺要求、工件的姿态方向、工艺方法、工艺流程、要求的生产节拍、生产线布置场地要求等进行深入研究，必要时可能对产品的原工艺流程进行调整。

2）确定各工序的先后次序、工艺方法、工位节拍时间、工位占用空间尺寸、输送线方式及主要尺寸、工件在物流输送线上的分隔与挡停、工件的换向与变位等。

> **职业素养**
>
> 实事求是，坚持一切从实际出发，是我们想问题、做决策、办事情的出发点和落脚点。在对生产线进行总体方案设计时同样要遵守这一科学观点，要充分了解实际情况，从企业的功能及生产要求、生产线布置现场以及产品的工艺流程等实际出发，这是生产线总体方案设计的前提。

2. 机械电气控制系统设计

机械电气控制系统的设计已经形成基本的原则和设计方法。进行机械电气控制系统设计时，应该坚持正确、符合科学的设计理念，结合工程实际需求和其他要求展开，这样才能更加快速、高效地设计出符合要求的电气控制系统。

（1）机械电气控制系统设计的基本原则

设计阶段，需要遵循的原则有：设计的可行性和合理性，即最大限度地满足机械和生产工艺对电气控制系统的要求，在满足控制要求的前提下，设计方案应力求简单、经济、便于操作和维修，不要盲目追求高指标和自动化；设计的相融性，进行电气控制系统的设计时需要重点思考它和机械在设计上的相融性，否则无法实现对机械的控制，设计出的产品不能满足应用需求；设计的可靠性，即确保控制系统安全可靠地工作。

（2）机械电气控制系统的设计流程

电气控制系统作为机电一体化的重要组成部分，其作用与"大脑"一样。设计流程是：根据设计方案的原则和方法，匹配合适的算法和微型计算机，以及合适的控制系统，进行总体设计后，对硬件和软件进行逐一设计。

（3）机械电气控制系统的设计要点

机械电气控制系统设计过程中，应该遵循基本原则，选择合适的设计方法，重点把握设计要点。具体来说，可靠性设计、智能化设计两个层面是必须重点把握的。

1）可靠性设计。在对 PLC 控制技术和现场总线技术进行综合分析后，应该提高电气控制系统的可靠性。尤其在变频技术、微电子技术或是分散控制系统（DCS）技术上，必须综合分析可靠性。电气控制系统成本相对较高，若不够可靠、不够安全，一旦出现问题，整套系统将直接陷入瘫痪状态，用户会承担巨大损失。具体来说，PLC 控制技术中，目前最有效的保护措施是将一级光电耦合器外加到输入端，这样即使未来出现高电压进入回路的情况，也能像更换熔断器一般，只需更换耦合器，故障就能得到及时排除。

2）智能化设计。21 世纪，"智能化"这个词已然走进每一位用户的心中。因此，进行机械电气控制系统设计，也应从智能化角度出发。当前的智能化设计主要是选择相应的软件模块，从而实现更好的控制，为使用者节约时间或缩短流程等。发电厂进行电气控制系统智能化设计时，可以从数据采集系统入手，选择多线程的可在线编辑功能，并对具体参数进行设计。一般来说，PLC 控制系统有三种类型，分别为单机控制系统、集中控制系统、分布式控制系统。实际使用阶段，每个控制系统都需要在编辑器内进行非常复杂的参数设置，若将这项工作进行自动化设计，根据操作系统和实际应用软件将智能化的 PLC 模块激活，就能直接节约时间并缩短流程。

3. 仿真设计

在制造系统建立之前，必须进行充分的分析论证和合理的规划设计。数字化生产线建模仿真技术是在虚拟制造环境下，应用面向对象仿真建模方法建立制造系统模型，利用仿真技术对制造系统的运行性能进行分析与评价，为现代制造过程中复杂问题的解决提供理想方法。在仿真技术的支持下，能够实时、并行模拟出未来制造的全过程，使产线资源得到优化配置、生产布局更加合理、生产效率最高，实现现有生产线的仿真建模、生产状况的同步监测和实际生产问题（瓶颈等）的及时调整。

（1）数字化生产线建模仿真与优化的关键技术

1）三维可视化生产线建模。实现基于三维可视化技术的产品、资源、工装、厂房、设备、人员模型，并依据生产路径和制造、输送时间搭建其虚拟生产线模型。

2）开放的输出接口。仿真、分析结果可输出到 Excel 等软件中。

3）多层次分析手段。利用图形化用户界面快速构建生产线模型，利于理解和操作；对于高级用户，可以利用功能强大的控制语言构建灵活、准确的仿真模型。

4）层次化建模及重复利用。使用面对对象的技术实现对经验、技巧、知识库的建立和利用。

5）可视化的统计分析。对图形和数据的输出进行分析，通过标准 XML 报表定制，充分发挥仿真分析的作用。

6）生产线构建模型快速变更。通过工艺规划结果，对动态物流过程进行验证，包含多物流方案及排班的验证，减少首次建模时间，实现工艺方案变更后快速更新生产线模型；对复杂的生产过程寻优，通过仿真优化快速寻求可行的替代方案；根据工艺过程，在预算、设备能力、工时、周期、最大/最小批量、库存等不同布局方案下，给出产能建议。

（2）数字化生产线建模仿真及优化方案

1）生产现场数据收集与分析。要进行数字化生产线建模仿真，需要在生产现场收集以下类型数据。

① 空间位置信息。空间位置信息主要描述各个元素在厂区的实际地理位置，使用 AutoCAD 等二维软件对所需内容进行采集描绘。

② 三维实体模型数据。用于描述工作区实体元素的三维模型（厂房、设备等厂区需要规划布局的实体），利用 CATIA、UG、Creo 等软件进行建模。

③ 构建模型库。将外部数据转换成可供生产线构建工具使用的模型，构建模型库统一管理。

④ 元素的属性信息。布局规划系统中各元素的属性信息，包括生产设备名称、特征、用途等需要在系统中描述的信息。

⑤ 工艺信息。包括产品生产计划、资源设备、工艺过程行为策略、输送方案、班次日程、仿真周期等。

2）生产线仿真模型建立。

① 生产线整体布局的导入。将模型导入生产线建模工具，并保存到模型库。

② 建立生产线仿真模型。根据生产线的实际布局在三维生产线布局中创建相应的要素模型。

3）生产线仿真及结果分析。

① 生产线模拟仿真。运行模型开启虚拟生产，使用多种实时仿真信息显示工具，统计数据可以用表格、图形（如饼图、直方图等）显示和表达。

② 定制开发及仿真结果输出。通过仿真统计数据的直观显示，直接保存为文件，其他软件包直接使用这些数据。制定具备多种标准的仿真结果报告模板，实现方便的报告定制功能。通过修改参数以及改变逻辑模型等方法进行多次仿真，观测和比较各次仿真的不同行为和结果。自动捕获每一次仿真运行的结果，并根据用户要求对多次仿真结果进行比较和交叉分析。

完成智能检测生产线设计的任务规划需要两个步骤：①分析生产线设计的任务需求、任务目标以及功能要求；②生产线设计及仿真规划。

步骤1：智能检测生产线设计任务分析

1. 任务需求

要求生产线中的智能小车可自主巡航，代替人进入危险或未知环境进行检测，可检测的项目包括温度、湿度、压力、烟雾、有害气体等。另外需要实现小车检测功能的客户定制，例如某些客户只需温度检测、某些客户只需压力与烟雾检测等，并且对检测的精度要求也不同。

步骤1

2. 任务目标

本智能检测生产线的系统与客户的 MES/ERP 进行结合，考虑生产的各个方面，随时获取实时数据，最大限度地提升企业的生产效率和管理水平。可根据用户订单自动确定生产流程，实现生产控制，并实时反馈物料拼装状态。实现生产流程可视化，并用高精度实时定位和监控系统进行支持。对生产区的物料成品进行精确跟踪定位，方便人员了解流水线当前工站的产品生产进度和进行放行确认与控制等。可以大大提高对生产过程的自动化、可视化管理，提高生产效率和质量控制，降低生产成本。

3. 功能要求

本智能检测生产线需要实现以下功能。

1）生产过程实时可视化，主动定位与识别。产品和工具设备精细化管理，实时状态可控。

2）所有物料精确定位，提前导入预设程序、实时监控位置和可用性，有效把控生产进度，并实时控制仓储计划，有效控制库存量风险。

3）实时反馈物料和成品的使用数据，与生产计划系统有效结合，提高库房利用效率，方便分析库存需求，并针对异常预警与流程进行改进，保障生产质量与安全。

4）生产流程数据实时监控，异常工序提前预警，提高生产效率，减少人员流动和确认工序的时间，进一步提高产能、降低成本。

步骤2：生产线设计及仿真规划

1. 智能检测生产线的布局设计

步骤2

1）智能检测生产线的外形尺寸如图4-2所示，布局图如图4-3所示。

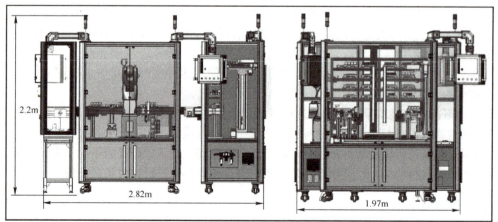

图4-2 外形尺寸

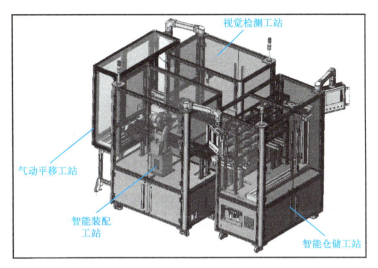

图 4-3 布局图

2）制定技术参数，见表 4-2。

表 4-2 技术参数

站 点	功 能	技 术 指 标
总控站	系统数据控制中心	1）对各站进行数据采集并按照对应工艺流程对各输出执行元件做对应逻辑变化 2）数据处理中心、网络通信中心等
智能仓储工站	该站是本系统的物流存储中心	1）采用铝型材框架 2）主铝型材：3030 型材 3）外形尺寸：1.4 m×0.8 m×2.2 m（长、宽、高） 4）存储量：16 个 5）托盘数和现有之和：16 个
智能装配工站	实现物料从原料托盘至成品托盘的转移	1）机器人可根据任务等级做出不同的响应，实现工件的搬运工作 2）工业机器吸盘完成对物料的抓取 3）外形尺寸：1.3 m×0.8 m×2.2 m（长、宽、高）
气动平移工站	实现托盘在装配工站和视觉工站之间的流转	1）由气缸推动，设有气动缓冲 2）根据输送任务移动到不同的停留站点 3）外形尺寸：1.47 m×0.47 m×1.85 m（长、宽、高）
视觉检测工站	对物料信息进行检测并反馈	1）根据托盘类型选取对应的技术参数进行检测 2）能将数据与结果上传至数据中心 3）外形尺寸：1.3 m×0.8 m×2.2 m（长、宽、高）

2. 智能小车的设计

（1）功能模块的抽象化

小车可以装配三种类型的功能模块：温度传感器、湿度传感器、烟雾传感器，每种类型包含三个不同精度的细分型号，共九种模块；统一采用 30 mm×30 mm×30 mm 的立方块。每种类型的模块以一种颜色代表，每个细分型号以立方块上的编号标识，具体如图 4-4 所示。

立方块有红、黄、蓝三种颜色，每种颜色有三种字符，如红色有 R1、R2、R3 三种。每个立方块上贴有二维码和字符标签，二维码内容包含生产日期和字符信息，其余部分为模块颜色。

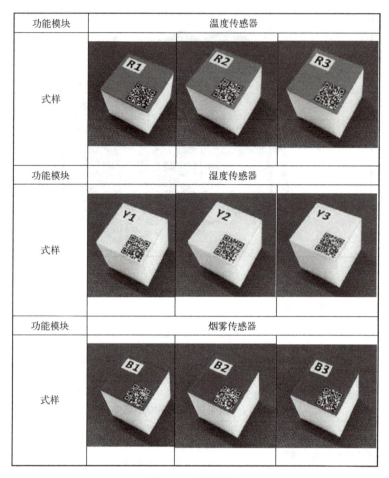

图 4-4 功能模块

（2）车身及模块装配位置的抽象化

由于功能模块只安装在小车上部 PCB 板上，所以将小车抽象为一块底板，底板上的九个凹槽为功能模块安放位置，每个位置放一个具体型号的模块，如图 4-5 所示。

3. 智能检测生产线仿真

在 Process Simulate 中对智能检测生产线的气动平移工站、智能仓储工站、智能装配工站和视觉检测工站进行虚拟仿真，完成以下工作。

1）对气动平移工站进行时序仿真，验证气动平移工站输送托盘的过程。

2）对智能仓储工站进行时序仿真，验证智能仓储工站三轴伺服组件存储和取出托盘的功能。

3）对智能装配工站进行 CEE 仿真，验证智能装配工站的机器人路径及信号控制功能。

4）对视觉检测工站进行 PLC 虚拟调试，验证

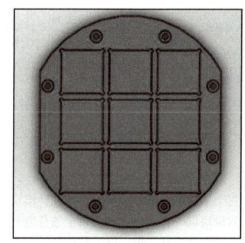

图 4-5 小车底板

智能检测工站的检测流程,检验自动化程序的可靠性。

5)进行虚实联调,使真实智能检测生产线跟数字孪生体实现同步运动。

这些仿真工作可以分为四步。

1)确定三维模型,作为仿真的基础。

2)定义模型的运动机构,即模型中哪些是运动的,哪些是静止的。

3)定义模型的运动规则,使模型的工作方式与真实设备相一致。

4)确定控制规则,使用操作或信号控制模型,实现仿真过程。

任务 4.2 工艺流程分析

任务提出

请结合表 4-3 中的内容了解本任务和关键指标。

表 4-3 任务书

任务名称	工艺流程分析	任务来源	企业综合项目
姓　　名		实施时间	
任务描述	智能检测生产线的任务规划完成后,需要对本产线进行工艺流程分析、设计并完成各站的工艺规划。要求:明确产线运行前的准备工作及整个产线运行的工艺流程,完成智能检测生产线各站的工艺规划。 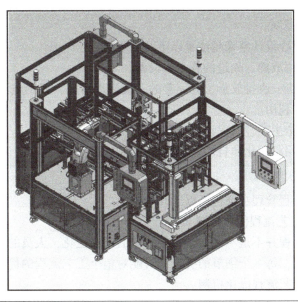		
关键指标要求	1. 工艺流程的定义以及工艺流程设计的基本要求。 2. 智能检测生产线的五个重点工艺环节。 3. 智能检测生产线的工艺流程分析。 4. 智能检测生产线的各站工艺规划。		

 知识准备

4.2.1 认识工艺流程

1. 工艺流程定义

认识工艺流程

工艺流程亦称"加工流程"或"生产流程",是指通过一定的生产设备或管道,从原材料投入到成品产出,按顺序连续进行加工的全过程。工艺流程是由工业企业的生产技术条件和产品的生产技术特点决定的。

生产工艺流程就是产品从原材料到成品的制作过程中要素的组合,包含输入资源、活动、活动的相互作用(即结构)、输出结果、顾客、价值六大方面。

2. 工艺流程设计

工艺流程设计由专业的工艺人员完成,设计过程中要考虑流程的各方面因素,设计内容主要为,说明生产过程中物料发生了什么变化、流向了哪里,应用了哪些设备,确定产品的各个生产环节及其顺序。设计时要考虑以下几个基本要求。

1)能满足产品的质量和数量指标。
2)具有经济性。
3)具有合理性。
4)符合环保要求。
5)过程可操作。
6)过程可控制。

我国工艺流程设计越来越注重以下几个方面。

1)尽量采用成熟、先进的技术和设备。
2)尽量减少三废排放量,有完善的三废治理措施,减少或消除对环境的污染,并做好三废的回收和综合利用。
3)确保安全生产,以保证人身和设备的安全。
4)尽量采用机械化和自动化,实现稳产、高产。

3. 生产工艺流程管理

生产工艺流程管理主要包括以下几个方面。

(1)生产工艺流程优化机制

生产工艺流程并不是不变的,随着技术的不断变化,人员的能动性能相应给工艺的改进提出更合理的建议,每一个细节的变更都可能对整个工艺流程的优化产生良好的效果。企业应创建相应的生产工艺流程优化机制。

(2)生产工艺流程各环节的协调

主要有生产工艺流程相关各部门间的安排与协调等。产品实现过程中涉及的部门与环节非常广,相关部门的管理者既要清楚本部门在产品实现过程中承担哪些责任,还须掌握必要的方法和工具,才能保证整个生产工艺流程的顺畅及高效。

(3)生产工艺流程管控

设备是否老化?人员安全是否有保障?关键控制点状态如何?生产工艺流程的管控涉及整

个工艺过程的多个方面，企业必须形成规范的管控机制，以降低风险。

4.2.2 重点工艺环节

自动生产线各部分的机构是按一定的工艺进行工作的，理解其中的重点工艺环节对于深入认识自动机械的结构规律非常有帮助。自动生产线的工艺流程分为以下几个重要环节。

重点工艺环节

1. 输送与自动上料

输送与自动上料操作就是在具体的工序操作之前，将需要操作的对象（零件、部件、半成品）从其他地方移送到操作位置。上述操作对象通常统称为上件，进行工序操作的位置通常都有相应的定位夹具对工件进行准确定位。

输送通常用于自动化生产线，组成自动化生产线的各种专机或机器人按一定的工艺流程各自完成特定的工序操作，工件必须在各个工位之间顺序流动，一个工位完成工序操作后要将半成品自动传送到下一个工位进行新的工序操作。

2. 分隔与换向

分隔属于一种辅助操作。以自动化装配为例，通常一个工作循环只装配一套工件，而在各个输送装置中工件经常是连续排列的，为了实现每次只放行一个工件到装配位置，需要将连续排列的工件进行分隔，因此经常需要分料机构，例如采用振盘自动送料的螺钉就需要这样处理。

换向也是在某些情况下需要的辅助操作，例如，当在同一台专机上需要在工件的多个方向重复进行工序操作时，每完成一处操作就要通过定位夹具对工件进行一次换向。当需要在工件圆周方向进行连续工序操作时，就需要边进行工序操作边通过定位夹具对工件进行连续回转，例如回转类工件沿圆周方向的环缝焊接就需要这样处理。某些换向动作在工序操作之前进行，某些在工序操作之后进行，而某些情况下则与工序操作同时进行。

3. 定位与夹紧

当工件经过前面所述的输送、可能需要的分隔与换向、自动上料而到达工位后，在正式开始工序操作之前，还要考虑以下问题。

1）如何保证每次工作循环中工件的位置始终是确定而准确的。

2）工件在具体的工序操作过程中是否能保持固定的位置，而不会移动。

上述问题实际上是在任何加工、装配等操作过程中都需要考虑的，即定位与夹紧。

为了使工件在每一次工序操作过程中都具有确定、准确的位置，保证操作的精度，必须使用合适的定位夹具。定位夹具可以保证每次操作时工件位置的一致性，实际上通常都是将工件移送到定位夹具内实现对工件的定位。

在某些工序操作过程中可能产生一定的附加力作用在工件上，这种附加力有可能改变工件的位置和状态，所以在工序操作之前必须对工件进行自动夹紧，保证在工件固定状态下进行操作。因此很多情况下都需要在定位夹具附近设计专门的自动夹紧机构，在工序操作之前先对工件进行可靠的夹紧。

4. 工序操作

工序操作就是完成自动化专机的核心功能，前面讲述的所有辅助环节都是为工序操作进行的准备工作，都是为具体的工序操作服务的。

工序操作的内容非常广泛，如机械加工、装配、检测、标示、灌装等，仅装配的工艺方法就有许多，如螺纹联接、焊接、铆接、粘接、弹性连接等。这些工序操作都要采用特定的工艺方法、工具、材料，每一种类型的工艺操作也对应着一种特定的结构模块。

5. 卸料

完成工序操作后，必须将工件移出定位夹具，以便进行下一个工作循环。卸料的方法多种多样，例如在自动冲压加工操作中，依靠工件的自重使工件自动落入冲压模具下方的容器内，对于材料厚度及质量极小的冲压件，通常采用压缩空气喷嘴将其从模具中吹落。

在一些小型工件的装配中，经常采用气缸将完成工序操作的工件推入一个倾斜的滑槽，让工件在重力的作用下滑落。对于一些不允许相互碰撞的工件经常采用机械手将工件取下。还有一些工序操作直接在输送线上进行，完成操作后继续向前输送。

任务实施

完成智能检测生产线的工艺流程分析需要两个步骤：①进行总体工艺流程分析，完成产线运行前的装备工作，明确生产线的工艺流程；②对生产线的各站进行工艺规划，包括智能仓储工站、智能装配工站、气动平移工站和视觉检测工站。

步骤 1：智能检测生产线总体工艺流程分析

1. 工艺准备

1）立体仓储最多可存放 16 个托盘，为保证生产顺利进行，需要准备至少两个托盘，一个为 16 个格子的原料托盘，一个为 9 个格子的成品空托盘。当然也可以放置更多托盘到仓库中。

步骤1

2）在原料托盘上装载立方块，每种颜色三个型号的方块至少装载一个。

2. 工艺流程

1）打开总控台计算机，进入系统。

2）在桌面上单击"智能制造实训平台示范系统首页"链接，进入示范系统首页。

3）以普通用户角色登录系统，用户名 user1，密码 hello。

4）普通用户个性化定制下单（如图 4-6 所示）：选择产品，确定安装位置（如图 4-7 所示），提交订单，由管理员审核。

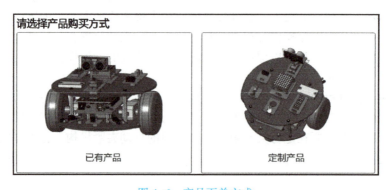

图 4-6 产品下单方式

5）以管理员角色登录系统，用户名 admin，密码 hello。

6）在 WMS 子系统下，将仓库内的物料设置为与现场实际情况一致。系统支持对托盘类型的设置以及托盘内每个格子的物料类型设置。

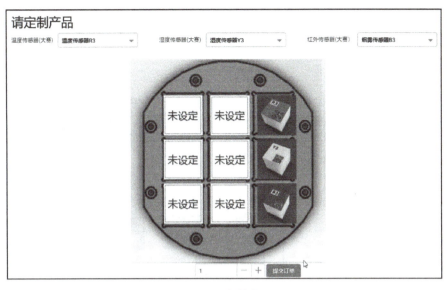

图 4-7 定制产品

① 单击"托盘 1""托盘 2"等，可以设置托盘的类型，如图 4-8 所示。

图 4-8 设置托盘类型

② 单击托盘内的格子，可以设置物料的类型，如图 4-9 所示。

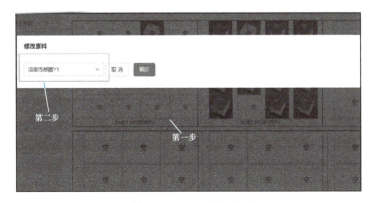

图 4-9 设置物料类型

③ 经过多次设置，将托盘内的物料和系统设置为一致即可，如图4-10所示。

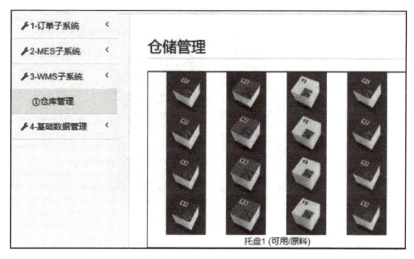

图4-10　物料设置完成

7）在"订单子系统"→"订单管理"中选择一个客户订单，并审核通过，如图4-11所示。

图4-11　审核订单

8）审核通过后，MES订单自动生成，可以到"MES子系统"→"工单管理"中进行工单查询、工单下发等操作，如图4-12所示。系统默认每隔3秒钟自动下发工单到工站执行。

图4-12　工单管理

9）原料出库：工单会将所需的物料发送给堆垛机，堆垛机寻址后，产线依次完成成品空托盘出库、原料托盘出库、原料托盘输送至输送线和堆垛机回位，如图4-13所示。

10）智能仓储堆垛机抓取立体仓储内空的成品托盘，放置在1#输送线上，RFID读写器写入工单信息，托盘被输送到2#输送线成品装配位置，光电开关感应到位，侧面气缸夹紧托盘侧面后，顶升托盘等待机械手装配作业。

11）装配模块：根据工单信息，机器人从原料托盘依次取料放置到空托盘中，进行装配作业，如图4-14所示。

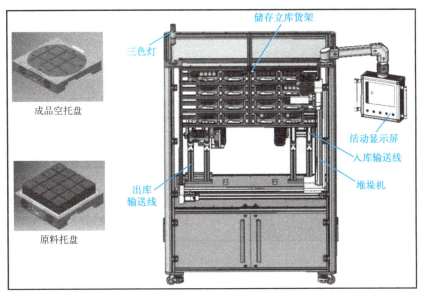

图 4-13 原料出库

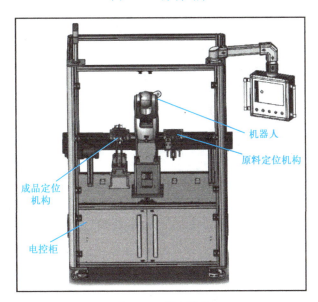

图 4-14 装配模块

12) 气动平移：顶升气缸收回，成品托盘回到 2#输送线上，侧面两气缸收回，2#输送线运输成品托盘至 3#气动平移输送线，再转移至 4#输送线上，到达视觉检测工站，托盘入线，平移输送，托盘到位出线，如图 4-15 所示。

13) 视觉检测与成品入库：输送线将成品托盘输送到视觉检测工站，检查位置是否正确，检查字符是否正确，读取二维码信息，输出检测结果，成品入库，如图 4-16 所示。

① RFID 读取工单信息，并在视觉检测工站上对成品托盘进行拍照。

② 视觉检测程序对立方块的颜色、字符、二维码进行识别，RFID 读取信息与程序识别结果对比后，将合格与不合格信息传至 PLC，再反馈至系统，系统标注出产品是否合格。

14) 成品托盘最终运输至 5#输送线，RFID 读取工单信息，由智能仓储堆垛机放至原位，操作板显示工单生产完成，如图 4-17 所示。

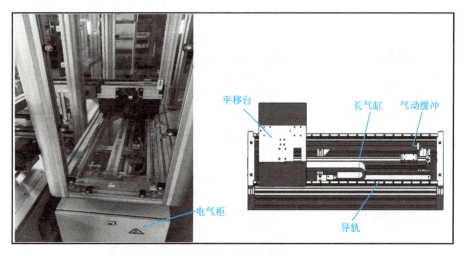

图 4-15　气动平移

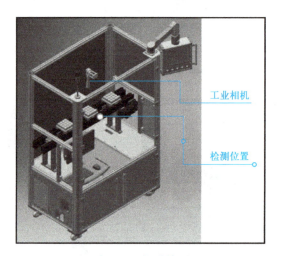

图 4-16　视觉检测

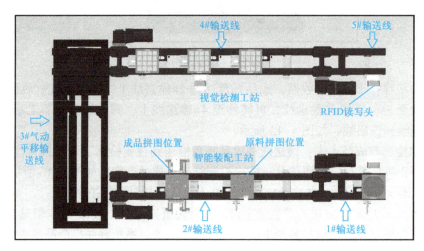

图 4-17　托盘流程图

步骤 2：智能检测生产线各站工艺规划

智能检测生产线结构上由四个工站组成：智能仓储工站、智能装配工站、气动平移工站和视觉检测工站，如图 4-18 所示。其中，智能仓储工站是本系统的物流存储中心，智能装配工站的功能是实现物料从原料托盘至成品托盘的转移，气动平移工站的功能是实现托盘在机器人和视觉检测工站之间的流转，视觉检测工站的功能是对物料信息进行检测并反馈。

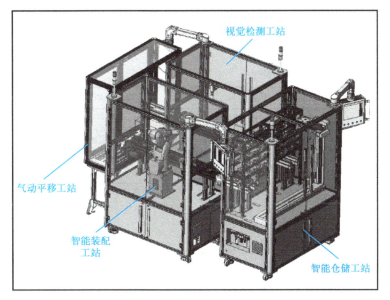

图 4-18 智能检测生产线结构图

1. 智能仓储工站工艺规划

智能仓储工站主要实现对原料托盘和成品托盘的存储和取放，使用型材搭建而成，用 XYZ 三轴堆垛机对托盘进行取放。在三个运动方向，用堆垛机将托盘从仓储工站转移至输送线上，并有气动挡块固定托盘的位置，RFID 识别托盘信息。当堆垛机从回收输送线抓取托盘时，用同样的气动挡块来固定托盘，由 RFID 解读托盘信息。

2. 智能装配工站工艺规划

智能装配工站实现将物料从原料托盘转移至成品托盘，并识别托盘信息和运输状态。顶升夹紧装置固定并升起成品托盘，用气动和机械挡块对托盘进行定位，再用两气缸推动短销来对托盘侧面衬套进行夹紧定位，并控制底部气缸进行顶升。原料托盘由底部气缸推动四根短销对其进行定位和托起。最后机器人根据订单相应的程序来将物料从原料托盘转移至成品托盘，当完成对原料托盘的取料时，将原料托盘下放至输送线进行回收，运输新的原料托盘过来，直至完成对成品托盘的放料工作，气缸放下成品托盘，由输送线转移至视觉检测工站。

3. 气动平移工站工艺规划

气动平移工站实现将托盘从智能装配工站输送到视觉检测工站。气缸上面的传送带主要用来承载托盘，当托盘从智能装配工站过来时，传送带正转，将托盘输送到本站点，并移动到一个安全位置。传送带下部的气缸用来移动传送带，可以将传送带在智能装配工站和视觉检测工站之间来回切换。当托盘到达视觉检测工站时，传送带反转，将托盘运输到视觉检测工站。

4. 视觉检测工站工艺规划

视觉检测工站主要是对物料信息进行读取，当物料经输送线运送至相机底下时，气动挡块会挡住托盘,再由相机对物料进行拍照,上传至视觉处理系统,对物料上的二维码信息进行读取,显示屏上显示对比信息,以便及时了解产品信息。

任务4.3 产线设计

任务提出

请结合表4-4中的内容了解本任务和关键指标。

表4-4 任务书

任务名称	产线设计	任务来源	企业综合项目
姓名		实施时间	
任务描述	智能检测生产线的工艺流程分析完成后,需要对本产线进行设计,完成对整个产线的布局以及工业网络架构的设计,并对各站的结构进行设计。要求:首先,根据现场的具体环境完成整条产线的布局;然后,完成整个工业网络架构的设计;最后,对智能检测生产线各站的结构进行设计。		
关键指标要求	1. 智能检测生产线工站的布局设计。 2. 智能检测生产线工业网络的架构设计。 3. 智能检测生产线各站的结构设计。		

知识准备

4.3.1 产线设计分析

在现代工业生产中,自动化生产技术已经被越来越多地应用,自动化生产线运用到的技术有传感技术、计算机技术等。工厂中有着很多自动化设备,这主要得益于计算机技术和机器人技术的发展。要对自动化生产线进行优化设计就要了解生产

产线设计分析

的产品情况和生产线流程，只有做到充分了解才能对自动化生产线进行更好的设计。

1. 熟悉自动化生产线设计流程和原则

在对自动化生产线设计的要点进行分析时，需要熟悉自动化生产线设计流程，以及生产产品的特点。每一个产品的生产都是由许多工序组成的，每一个工序对产品的形成都有重要的作用，缺少哪一个都不可能促进产品的最终实现。为了使产品能完整生产出来，需要对每一个工序进行详细的规定、准确的说明。在对自动化生产线进行设计前，充分了解自动化生产过程的方方面面，在对自动化生产线进行分析的时候就可以对整体进行优化设计，最大化地提高生产效率、产品质量、经济效益。同时还要对自动化生产线设计的原则有所把握，在对生产工序进行优化设计时要充分考虑产品的功能不受影响，产品可以正常使用，尽量简化设计的过程，节省设计成本。生产线上设备中的零件尽量统一标准，比如传感器，以便于在生产设备出故障的时候及时替换受损零件，减少因设备故障对企业造成的损失。

2. 对生产线节拍进行设计

在自动化生产线上，生产节拍对产品质量有重要影响，所以生产线节拍设计是很重要的环节。为了减少自动化生产线中不必要的工序，需要对自动化生产线上的众多工序进行节拍设计，对于不合理的地方要做到有效改进，以便提高生产效率。在辅助作业和工艺操作上所用的时间结合起来就是生产节拍。在自动化生产线上，在节拍上时间较长的工序会对其他工序有影响，进而影响自动化生产线的生产效率，不利于生产任务的完成，所以为了提高企业的经济效益，完成生产任务，需要对使用时间长的工序进行优化，计算好生产线的平衡率，在确保产品功能的前提下尽量减少工序所使用的时间，使自动化生产线上的生产节拍得到优化，促进企业发展。

3. 制定方案

在对产品的生产流程完整了解，并对产品工序做了全面的分析后，就要充分考虑有利于生产产品的自动化生产线设计方案。设计时也不要只设计一套方案，要根据可能发生的意外情况，针对各种不同的问题，设计相对应的解决方案。在实际分析过程中，根据得到的可靠信息在众多方案中选择最合适的那个，尽可能遵循简单有效原则，充分保证产品功能的实现，减少人力成本，促进生产效率的提高，增强产品的实用性，提高经济效益。在设计方案时，需要考虑自动化生产线中的传动系统和结构、工艺布局图和气动原理图、控制系统及机器人形式等因素。

（1）注意传动系统和结构

在自动化生产线上，要注意生产线的传动系统和结构，如果需要考虑这个因素，那么就要考虑产品的结构，因为产品结构是和传动系统相适应的。在生产线运输上有皮带运输、振动盘供料等多种方式。在产品运输中，需要考虑产品间的距离和产品的运行轨道等因素。在生产线上出现等待时间时，要设计可以放置原料的容器，以免造成原料浪费。在产品运输中可以依靠凸轮分度器来实现产品的换向功能。做好产品的加工工作，要对产品进行有效的监测，促进产品的有效生产。

（2）设计工艺布局图和气动原理图

在自动化生产线上，要做好工艺布局，必须进行实地考察，运用科学的方法搜集生产线上的工位信息，利用这些信息进行工艺布局图绘制。通过对信息进行有效的分析，将自动化生产线上的工位进行合理布局，并注意站在整体的角度进行考虑，注重工位的整体化、规范化、科学化、合理化。在工艺布局的问题上,还需要考虑线控走线方法、电源等因素,线控走线主要在陆地上和空中,它需要有经验的工作人员考虑控制线、线槽等因素,应尽量减少资源损失,节省成本,提高效益。在分析气动原理图时,要注意考虑工位的举升、转动等因素。在进行自动化生产线气动原理图设计时,要充分考虑气动系统控制的安全性,如果存在因重力因素或其他因素而造成系统停止的情况,则需要加装单向控制阀,以免出现更大的灾难,产生企业无法承受的后果,从而降低企业的损失。

(3) 注意控制系统的设计

在自动化生产线中,控制系统有着非常重要的作用。在自动化生产中,主要利用现场总线进行沟通和交流,现场总线还可以将控制点连接起来成为一个系统,从而对自动化生产线实行控制。自动化生产线的控制功能主要通过主从站和上位机的配合来实现,主站接收来自从站的信息,从站负责将信息发给主站,主站将收到的信息传给上位机,然后上位机将自己所拥有的信息传给主站,主站根据从上位机处得到的信息进行决策,上位机也通过从主站得到的信息进行决策,主站和上位机通过对彼此的信息进行有效利用来控制自动化生产线。

基于现场总线的自动化生产线组网控制系统是自动化生产线的核心。现场总线是现今工业自动化生产中进行现场通信的主要手段,可以使用现场总线将自动化生产线中各个独立的控制单元进行连接,以实现对自动化生产线的控制。主、从站控制设备主要采用PLC,通过现场总线将它们连接成一个控制网络。

(4) 设计机器人形式

在自动化生产线上,需要综合考虑各方面的因素来确定机器人形式,如工位节拍、产品加工过程中各个环节的时间、现场条件、可用资金等。机器人技术在人类社会的发展中占有越来越重要的地位,通过对机器人形式进行有效设计,可以最大化地节省生产时间,提高生产效率、经济效益和社会效益,所以要对机器人形式进行最优设计。

4. 智能管理系统设计

MES是一套面向制造企业车间执行层的生产信息化管理系统。它能通过信息传递对从订单下达到产品完成的整个生产过程进行优化管理。当工厂发生实时事件时,MES能及时做出反应、报告,并用当前的准确数据给出建议和做出处理。这种对状态变化的迅速响应使MES能够减少企业内部没有附加值的活动,有效指导工厂的生产运作过程,从而使其既能提高工厂的及时交货能力,改善物料的流通性能,又能提高生产回报率。MES还通过双向的直接通信在企业内部和整个产品供应链中提供有关产品行为的关键任务信息。MES功能图如图4-19所示。

MES具有以下特点。

1) 采用强大数据采集引擎,整合数据采集渠道(RFID、PLC、PC等),覆盖整个工厂制造现场,保证海量现场数据的实时、准确、全面采集。

2) 打造工厂生产管理系统数据采集基础平台,具备良好的扩展性。

3) 采用先进的RFID与计算机技术,打造物流闭环的条码系统。

4) 全面、完整的产品追溯功能。

5) 生产状况监视。

6) 库存管理与看板管理。

7) 实时、全面、准确的性能与品质分析。

8) 个性化的工厂信息门户,通过WEB浏览器随时随地掌握生产现场实时信息。

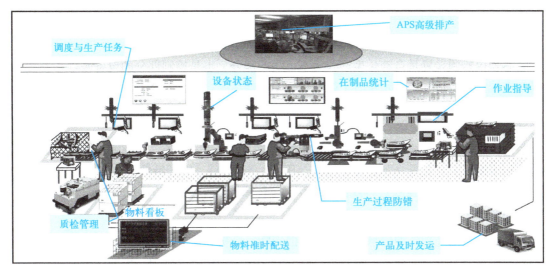

图 4-19 MES 功能图

5. RFID 设计

射频识别（Radio Frequency Identification，RFID）是自动识别技术的一种，通过无线射频方式进行非接触双向数据通信，对记录媒体（电子标签或射频卡）进行读写，从而达到识别目标和数据交换的目的，被认为是 21 世纪最具发展潜力的信息技术之一。

RFID 技术通过无线电波快速交换和存储信息，结合数据访问技术连接数据库，加以实现非接触式的双向通信，从而达到识别和数据交换的目的，串联起一个极其复杂的系统。在识别系统中，通过电磁波实现电子标签的读写与通信。根据通信距离，RFID 的应用可分为近场和远场，为此读写设备和电子标签之间的数据交换方式也对应地分为负载调制和反向散射调制。

4.3.2 产线结构认识

一般自动化生产线主要由五大部分组成：机械本体、传感器及其他检测装置、控制组件、执行机构、动力源。

产线结构认识

1. 机械本体

在自动化设备及生产线中，机械本体是自动化的对象，也是完成给定工作的主体，是机电一体化技术的载体。机械本体包括机壳、机架、机械传动部件以及各种连杆机构、凸轮机构、联轴器、离合器等。功能包括：

1）连接固定。如数控车床的床身和外壳。
2）实现特定的功能。如数控机床可加工机械零件。

由于自动化设备及生产线具有高速、高精度和高生产率的特点，所以机械本体应满足稳定、精密、可靠、轻巧、实用等要求。随着社会的发展，自动化生产线上的机械本体应更注重以下几个方面。

1）体积缩小，因为这样更加节约资源。
2）功能上综合性更强，比如钻床和铣床在一起或者更多的组合，一个工件通过一台机器就可以做出成品。
3）灵活性、稳定性、精密性、可靠性、轻巧性进一步提高，其中灵活性更强表现在能加工一些复杂产品等方面。

2. 传感器及其他检测装置

传感器等检测装置是自动化生产线必不可少的部分，也是控制部分的设备基础。自动化设备及生产线在运行过程中必须及时了解与运行相关的情况，充分掌握各种信息，系统才能得到控制和正常运行。各种检测装置用来检测各种信号，信号经过放大、变换后传送到控制部分进行分析和处理。

目前传感器的基本原理是将非电量转化成电量，如电压、电流、频率等。工业领域应用的传感器用于测量工艺变量（如温度、液位、压力、流量等）、电子特性（电流、电压等）和物理量（速度、负载以及强度），传统的接近/定位传感器也发展迅速。

3. 控制组件

控制的作用是处理各种信息并做出相应的判断、分析和执行。装在自动化设备及生产线上的各种检测装置将测到的信号传送到其控制部分。在自动控制系统中，控制器是系统的指挥中心，它将信号与要求的值进行比较，经过分析、判断之后，发出执行指令，控制执行机构动作。

控制器具有信息处理和控制的功能。目前随着计算机技术的进步和普及，与其应用密切相关的机电一体化技术的进一步发展，计算机已成为控制器的主体，单片机、PLC逐渐取代了过去的继电器、接触器控制。当然一些简单的控制还是离不开继电器、接触器。单片机、PLC的广泛运用使得控制部分进一步优化，从而提高了生产线的经济效益，主要表现在信息的传递和处理速度、可靠性、减小体积、提高抗干扰性方面。

4. 执行机构

执行机构的作用是执行各种指令、完成预期的动作。它由传动机构和执行元件组成，能实现给定的运动，传递足够的动力，并具有良好的传动性能，可完成上料、下料、定量和传送等功能。

执行部分有伺服电动机、调速电动机、步进电动机、变频器、电磁阀或气动阀门体内的阀芯、接触器等。

5. 动力源

动力源的作用是向自动化设备及生产线供应能量，以驱动它们进行各种运动和操作。

 任务实施

完成智能检测生产线的产线设计需要两个步骤：①确定生产线的工站布局和网络架构；②完成生产线各站的结构设计，如智能仓储工站、智能装配工站、气动平移工站和视觉检测工站。

步骤1：智能检测生产线整体设计

1. 工站布局

智能检测生产线结构上由四个工站组成：智能仓储工站、智能装配工站、气动平移工站和视觉检测工站，如图4-20所示。为使设备结构紧凑，将生产线设计成环形流水线：智能装配工站和视觉检测工站正对放置；智能仓储（原料仓储和成品仓储）工站放置于两工站边上，以便于获取原料和放置成品；输送线呈"U"形，贯穿于三个工站之中，使得工件运输顺畅，各工站能够有效协作。

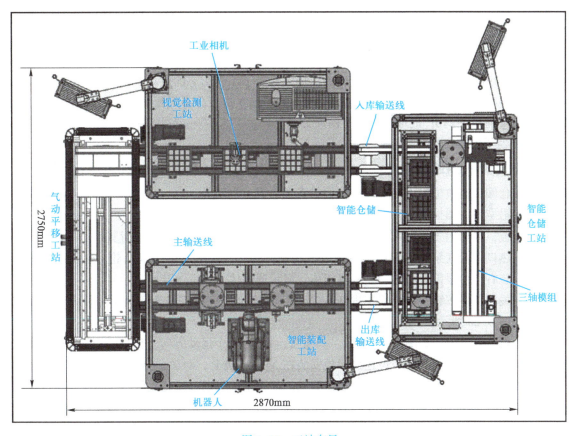

图 4-20 工站布局

2. 网络架构

智能检测生产线整体规划为三层架构，由下往上包括智能装备层、控制系统层、精益管理层，如图 4-21 所示。

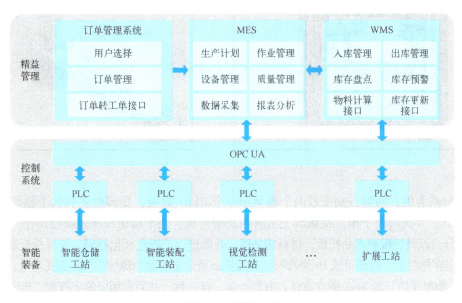

图 4-21 网络架构

各工站都采用西门子新型的 SIMATIC S7-1500 系列控制器，总控与各工站之间通过 OPC UA 进行通信。SIMATIC S7-1500 系列控制器除了包含多种创新技术之外，还设定了新标准，最大程度提高生产效率。无论是小型设备还是对速度和准确性要求较高的复杂设备，都能够适用。SIMATIC S7-1500 无缝集成到博途中，极大提高了工程组态的效率，适用于对程序范围和处理速度具有较高要求的应用，可以通过 PROFINET IO 进行分布式配置。附加的集成 PROFINET 接口具有单独的 IP 地址，可用于网络分离等。

步骤 2：智能检测生产线各站结构设计

1. 智能仓储工站结构设计

智能仓储工站由机架、堆垛机和铝型材支架组成。机架外部框架由铝型材、铝板和亚克力板搭建而成，上部门框采用透明亚克力板，内部用于放置堆垛机和铝型材支架，下部门框用铝板折边放置其中，外部装有电源口、散热口以及气泵，内部用于放置电气控制元件。底部装有四个福马轮，便于装置的移动，顶部装有三色报警灯和活动显示屏箱体。显示屏箱体外表面上装有显示屏，红、白、黄三色灯，开关和急停按钮，可绕轴实现 360°转动，其连接架也可绕机架转动，方便人们控制和观察，如图 4-22 所示。

堆垛机分为三段，如图 4-23 所示，具有 X、Y、Z 三个运动方向，其中，X 轴导轨部分安装在机架上，Y 轴导轨部分通过连接铝板安装在 X 轴导轨上，而 Z 轴导轨部分安装在 Y 轴轨道上。各轴的运动均由独立的伺服电动机驱动，伺服电动机通过带传动使得滚珠丝杠转动，从而使得丝杠滑台实现平动。伺服线缆放置于坦克链内部，使其跟随移动平台运动。堆垛机各段装有限位开关，防止堆垛机与机架碰撞。托板安装在 Z 轴导轨上，以实现托盘抽放。

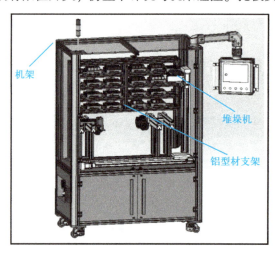

图 4-22　智能仓储工站结构

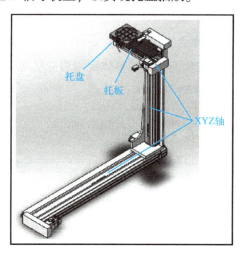

图 4-23　堆垛机结构

托盘材料为钢，两侧分别安装两个轴承和一个 RFID 贴板，底部也安装四个轴承和两个传感器检测口，并铣出两个槽。接触面上装有四块塑料板，便于输送线接触摩擦运输。

托板分为原料托板和成品托板，材料均是铝，表面进行了黑色氧化处理。原料托板通过侧面的螺纹孔固定在托盘上，内部可放 16 块物料；成品托板通过上表面的螺纹孔固定在托盘上，内部可放 9 块物料。物料是边长为 3cm 的立方体，有红、黄、蓝三种，并附有相应的字符和二维码。

仓储支架由铝型材搭建而成，通过两块铝板固定到机架上。支架上有四排位置用于放置托盘，每排放置四个托盘，托盘的外形尺寸均相同，两块相同的"L"形铝板限制托盘的横向运动，并有"L"形挡块防止托盘的纵向移动。

2. 智能装配工站结构设计

智能装配工站的机架结构与智能仓储工站类似。机柜上部安装输送线、气缸和 KUKA 六轴机器人，电气柜装载 KUKA 机器人机箱和控制元件，电气柜侧面装有散热器和气泵，如图 4-24 所示。三色报警灯和活动显示屏与智能仓储工站相同。

3. 气动平移工站结构设计

气动平移工站机架结构与智能仓储工站类似，如图 4-25 所示，机柜上部安装输送线和气缸。输送线可以正反转，用于承载托盘。气缸主要将托盘从智能装配工站输送到视觉检测工站。

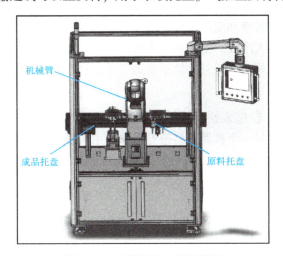

图 4-24 智能装配工站结构图

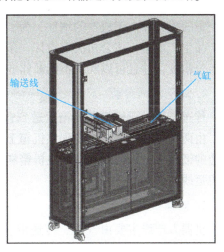

图 4-25 气动平移工站结构

4. 视觉检测工站结构设计

除与智能仓储工站相同的三色报警灯和活动显示屏外，视觉检测工站还包括机架、工业相机、显示屏等，如图 4-26 所示。控制元件装在机柜下部，机柜上部装有输送线和视觉装置。

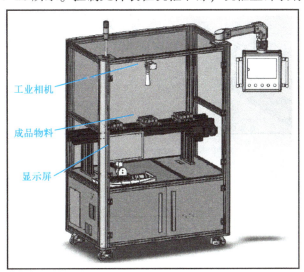

图 4-26 视觉检测工站结构

项目拓展　设计机器人产线

生产线智能化程度影响产品的生产质量、效率和成本。智能制造产业快速发展，是目前制造业领域研究和应用的热点之一。为适应市场需求，越来越多的企业组建了智能制造生产线。通过新建或改造完成智能制造生产线，可以提高产品质量和生产效率，降低生产成本，并且可以实现生产加工全过程信息的监控与管理。智能制造是制造业转型升级的重要发展方向。工业机器人、智能制造设备、监控管理系统是智能制造生产线的重要组成部分。

项目拓展

某公司的主机箱包装生产线采用人工包装的形式，不仅效率低下而且质量得不到保证。随着产量的提升和人工成本的增加，为了提高生产效率和生产质量，降低人工作业强度、危险性和产品生产成本，该公司决定设计一条智能机器人产线。工业机器人有良好的环境适应性和重复定位精度，并且可以实现不间断作业，从而快速、高效且持续不断地完成主机箱的包装。

1. 工艺流程分析

传送带通过滑橇将主机箱运送到包装站附近，包装站工业机器人抓取主机箱放到包装工位，由两个气缸将泡沫组装到主机箱上，同工位另一个机器人将带有泡沫的主机箱抓取放置到旁边的纸箱中，机运线启动，主机箱和纸箱到达折叠位，由四个气缸完成折叠封口，封口后，由机运线运送到下一工位。

2. 方案设计

机器人产线主要由气缸、传送带、传感器、工业机器人、箱子、主机箱、滑橇组成，如图 4-27 所示。生产线的功能是实现主机箱的包装和搬运。

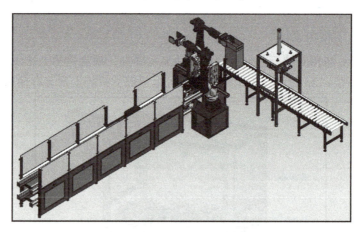

图 4-27　机器人包装生产线

3. 机器人本体设计

工业机器人可以分为机械系统、驱动系统、控制系统和感知系统，结构上由控制器、示教器和机器人本体等部分组成。本产线的机器人本体采用 6 关节串联型单开链结构，包含传感装置、机器人夹具、机器人底座、机械手爪等部分，各关节由伺服电动机驱动，实现机器人腰部回转、手臂回转以及腕部俯仰等操作。手爪由气缸驱动，并且可以根据不同的工件加工需求进行更换，以实现柔性加工。图4-28所示为工业机器人结构组成，图4-29所示为工业机器人本体二维结构。

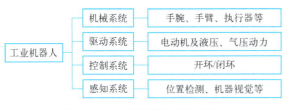

图4-28　工业机器人结构组成

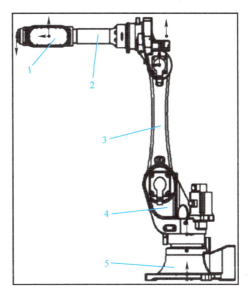

图4-29　工业机器人本体二维结构
1—手臂　2—前臂　3—大臂　4—旋转座　5—底座

4. 机器人负载能力计算

机器人负载能力是指机器人在实际工作过程中所能承受的最大有效载荷，与机器人中心的位置密切相关。以工业机器人处于六轴法兰盘相对J5轴垂直向下的姿态推导机器人负载计算公式。J5轴和J6轴的转动惯量分别按以下公式计算。

$$J_5 = G \times (z^2 + x^2 + y^2) + \max(J_{ox}, J_{oy}) \leq N$$

$$J_6 = G \times (x^2 + y^2) + J_{oz} \leq M$$

式中，J_5、J_6为施加在机器人轴上负载的转动惯量，单位kg·m²；G为机器人法兰承受的载荷，单位N；J_{ox}、J_{oy}、J_{oz}分别为负载相对于负载重心的转动惯量，单位kg·m²；x、y分别为负载重心在工具坐标系中的位置；N、M分别为机器人J5、J6轴转动惯量允许的最大值，单位kg·m²，不同机器人所允许的最大值不一样。

将工业现场参数代入上述公式进行校核，即可得出工业机器人的负载能力是否满足工作要求。

5. 智能制造设备监控管理系统

智能制造设备监控管理系统是智能制造生产线的重要组成部分，其通过感知生产设备脉冲信号变化来监控设备的运行状态和生产数据，再通过无线网络实现数据的传输和控制，后台服务器对数据进行管理、存储和分析，实现设备生产过程的远程监控和管理。

智能制造设备监控管理系统主要实现了以下两种功能。

1）设备运行状态分析。该系统能采集生产线的运行状态和加工数据并进行分析。

2）生产参数监控与报警分析。该系统能实时监控设备生产参数，当参数值超过设定的阈值一定时长后，系统会判定参数异常并报警，并可以对不同的生产线层级、时间范围、异常类型等异常参数进行统计分析。当发生报警时，系统能够根据故障代码快速找到故障原因和解决方法，并且可以统计出经常发生或持续时间最长的故障代码或生产设备，以便根据该信息对生产线进行针对性的改善。

6. 生产线建模仿真与调试

根据智能制造生产线各组成单元的性能参数和结构尺寸，利用三维软件建立它们的模型并进行空间布局，对其摆放位置进行优化。在软件环境中对机器人及其附属设备的运行状况进行虚拟仿真，搭建虚拟环境并设置参数，进行虚拟环境下的生产线设计，编写程序进行生产线的联调和模拟仿真，验证智能制造生产线的运行效果并进行优化。

练习题

1. 机械电气控制系统的基本设计原则是什么？请简述。
2. 智能检测生产线需要什么功能？请简述。
3. 智能检测生产线由几个站点组成？分别是什么？
4. 请简述智能仓储工站的工艺规划。
5. 一般自动化生产线主要由几部分组成？分别是什么？
6. 智能检测生产线的网络架构由几部分组成？分别是什么？

项目 5　气动平移工站仿真

 项目描述

气动平移工站是自动化生产线中常见的组成部分，其能够完成物料在各工位之间的传输。通过 Process Simulate 软件可以仿真模拟气动平移工站中平移装置的工作流程，对气动平移工站进行虚拟仿真。本项目重点介绍了 Process Simulate 运动学与姿态的创建以及设备操作的运用等内容。通过本项目的学习和训练，读者能够利用软件模拟真实生产过程中气动平移装置的传输动作，实现气动平移工站的虚拟仿真。气动平移装置如图 5-1 所示。

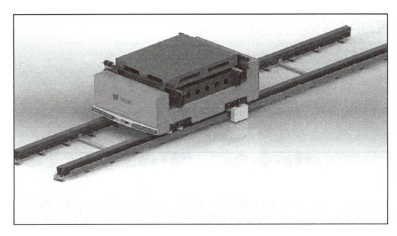

图 5-1　气动平移装置

 技能证书要求

对应的 1+X 生产线数字化仿真应用证书技能点	
1.3.1	能够根据仿真软件要求的文件格式，导入正确格式的模型
1.3.2	能够根据生产线工作原理，对生产线模型进行设备和零件分类
2.2.2	能根据设备的运动要求，定义各个设备运动机构的运动姿态
3.1.3	能够根据生产线的动作要求，按时序方式设置生产线设备的动作顺序

学习目标

- 掌握模型导入的方法，并能导入气动平移装置的模型。
- 掌握定义运动学和创建姿态的方法，并能够创建设备的运动学和姿态。

- 掌握创建附加事件的方法，并能够创建操作中的附加事件。
- 通过资源学习，养成自主学习的习惯。
- 通过项目拓展，培养开拓创新的探究精神。

 学习导图

```
                                          ┌── 气动平移装置模型导入方法
                                      知识├── 气动平移装置运动学定义方法
                                          ├── 气动平移装置姿态定义方法
                                          └── 创建附加事件的方法
气动平移工站仿真 ── 任务5.1 气动平移装置仿真┤
                                          ┌── 导入气动平移装置的模型
                                      技能├── 定义设备的运动学
                                          ├── 创建设备姿态
                                          └── 添加附加事件
```

任务 5.1 气动平移装置仿真

 任务提出

请结合表 5-1 中的内容了解本任务和关键指标。

表 5-1 任务书

任务名称	气动平移装置仿真	任务来源	企业综合项目
姓　　名		实施时间	
任务描述	某工厂在进行生产线中传输系统的仿真时，要完成气动平移装置的仿真。请根据本任务中 Process Simulate 软件相关命令的学习，对气动平移装置的仿真任务进行分析，选择合适的方式完成该任务。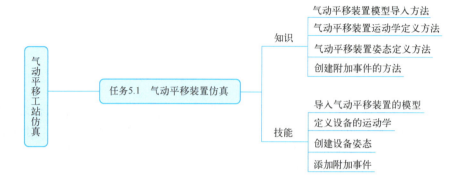		
关键指标要求	1. 气动平移装置能够来回移动。 2. 气动平移装置来回移动需要相应限制。 3. 托盘需要跟随平移装置来回移动。		

 知识准备

5.1.1 气动平移装置介绍

1. 动力来源——无杆气缸

无杆气缸是利用活塞直接或间接地连接执行机构,并使其跟随活塞实现往复运动的气缸,如图 5-2 所示。

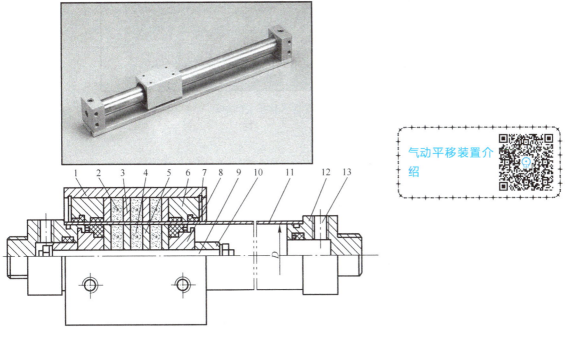

1—套筒 2—外磁环 3—外磁导板 4—内磁环 5—内磁导板 6—压盖 7—卡环
8—活塞 9—活塞轴 10—缓冲柱塞 11—缸筒 12—端盖 13—进、排气口

图 5-2 无杆气缸

无杆气缸的工作原理:在活塞上安装一组高强磁性的永久磁环,磁力线通过薄壁缸筒与外面滑块里的另一组磁环作用,由于两组磁环磁性相反,所以相互具有很强的吸力。当活塞在缸筒内被气压推动时,活塞运动,活塞运动的同时,外部滑块内的磁环被活塞上的磁环磁力线影响,做同步移动。

无杆气缸和有杆气缸的工作原理一样,只是外部连接、密封形式不同。无杆气缸里有活塞,而没有活塞杆。

无杆气缸两边都是空心的,活塞杆内的永磁铁带动活塞杆外的另一个磁体(运动部件),它对清洁度要求高,经常要拆下来用汽油清洗。

无杆气缸在气动系统中作为执行元件,可用于汽车、地铁及数控机床的开闭门,机械手坐标的移动定位,无心磨床的零件传送,组合机床的进给装置,以及自动线送料、布匹纸张切割和静电喷漆。

2. 气动平移装置的移动

本项目中气动平移装置的功能是带动托盘在不同站点之间进行流转,由无杆气缸推动,并

设有气动缓冲装置，可以平稳地起动与停止，还可以根据托盘的运输需要来回移动。

气动平移装置沿滑轨双向移动，左右两侧有固定板限制其运动距离，如图5-3所示。

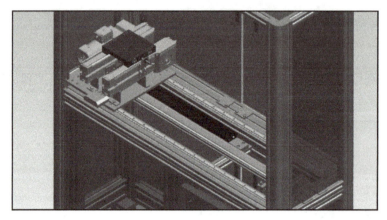

图5-3　气动平移装置的移动

3. 气动平移装置的组成

在设计与仿真气动平移装置时，需要考虑无杆气缸、平移台、气动缓冲装置和导轨这四个部分。

如图5-4所示，无杆气缸的移动组件一般较小，无法直接稳定放置物体，所以需要在上面设计一个平移台。

平移台的作用是接收前一装置运送过来的托盘，并且带着托盘移动。平移台通过螺钉跟无杆气缸连接在一起，如图5-5所示。平移台一般较大，需要设计一些辅助部件来保证其安全运行。

 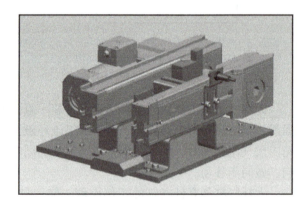

图5-4　无杆气缸　　　　　　　　　　图5-5　平移台

气动缓冲装置的作用是在平移装置使用过程中起到运动缓冲的作用。作为一个辅助部件，它在气动平移装置中需要设置两个，分别安装在无杆气缸的左、右限位处，保证平移台移动不会超出限位、碰到其他设备，如图5-6所示。

导轨的作用是提供支撑，使平移台保持稳定，并起到运动导向的作用。导轨和无杆气缸为平移台提供了三个支撑位，使平移台能够稳定地来回运输，如图5-7所示。

项目 5　气动平移工站仿真

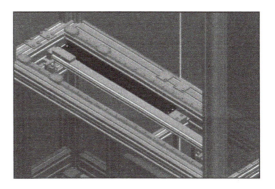

图 5-6　气动缓冲装置　　　　　　　　　图 5-7　导轨

5.1.2　气动平移装置的运动分析及仿真方法

气动平移装置中的平移台一般通过导轨进行往复运动，需要在 Process Simulate 中使用运动学的仿真方法。

本项目主要控制气动平移装置平移台的移动，从初始位置带动托盘移动到另一边。

气动平移装置的运动分析及仿真方法

在 Process Simulate 中，需要在运动学编辑器中创建连杆，分别放入气动平移的部分和工作台固定不动的部分；然后创建气动平移装置所在的连杆和基于该连杆完成移动的关节；接着通过姿态编辑器创建姿态；最后新建设备操作并用序列编辑器展示验证。

可以看到，气缸平移装置不是整体移动，而是活塞移动，所以就需要为它创建运动学，而且创建好运动学的设备可以导入其他项目中直接使用。

5.1.3　软件术语及指令应用

本任务中主要使用的软件术语及指令为运动学编辑器、姿态编辑器、新建设备操作和附加。

软件术语及指令应用

1. 运动学编辑器

"运动学编辑器"指令的图标是，可在软件"建模"选项卡→"运动学设备"组中找到。运动学编辑器的作用是定义所选设备的运动学，让设备能仿真真实的运动，本任务中用于创建气动平移装置的移动关节。

2. 姿态编辑器

"姿态编辑器"指令的图标是，可在软件"建模"选项卡→"运动学设备"组中找到。姿态编辑器的作用是定义和编辑设备或机器人的姿态，本任务中用于创建气动平移装置的移动位置。

3. 新建设备操作

"新建设备操作"指令的图标是，可在软件"操作"选项卡→"创建操作"组→"新建操作命令"组中找到。新建设备操作的作用是创建设备操作，以便将设备从一个姿态移动到另一个姿态，本任务中用于创建气动平移装置平移台从初始位移动到另一端的操作。

4. 附加

"附加"指令的图标是，可在软件"主页"选项卡→"工具"组→"附加命令"组中找到。附加的作用是将一个或多个对象附加到另一个对象，让其跟随移动，本任务中用于将托盘附加到气动平移装置上，使托盘跟随平移台移动。

任务实施

完成气动平移装置仿真需要三个步骤：①模型的导入和分类；②创建运动机构，注意其运动方式及工作范围；③创建设备操作以及添加附加事件，实现气动平移装置的仿真。

步骤1：气动平移装置的模型处理

气动平移装置的模型处理思路如图 5-8 所示。

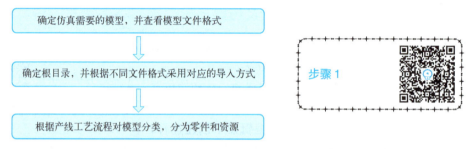

图 5-8　气动平移装置的模型处理思路

（1）模型的导入

① 将 2PingYi.cojt 文件夹放置到 D:\ZTecno\XM5\demo5-1 路径下。

② 打开 Process Simulate，在欢迎界面上将软件的根目录设置为 D:\ZTecno\XM5\demo5-1，如图 5-9 所示。

图 5-9　根目录

 小提示：
1. 只有根目录下的 cojt 文件夹才能导入 Process Simulate。
2. 根目录路径可自行决定，但路径中不能有中文。

③ 单击"新建研究"按钮，在打开的对话框中单击"创建"按钮，建立一个新研究。

④ 单击 Process Simulate 中的"插入组件"按钮，如图 5-10 所示。

图 5-10　插入组件

⑤ 在弹出的对话框中选择 D:\ZTecno\XM5\demo5-1 路径下的 2PingYi.cojt 文件夹后单击"打开"按钮，导入模型，如图 5-11 所示。

图 5-11　导入模型

（2）模型的分类

① 选择 2PingYi 后单击"设置建模范围"按钮，如图 5-12 所示。

图 5-12　设置建模范围

② 观察装置模型，由于托盘不属于气动平移装置的部件，而是它的运输对象，所以需要分类的资源为托盘。

③ 在 Process Simulate 中单击"新建资源"按钮，如图 5-10 所示。

 小提示：

　　1. "设置建模范围"指令能打开模型的部件并进行编辑，如将模型放到另一个资源中。

　　2. "新建资源"指令可以添加一个资源，存放需要拆分的模型。

　　3. 资源的子节点类型有多种，用于快速识别，对后续仿真无影响。

④ 在弹出的对话框中先选择资源的节点类型，然后单击"确定"按钮，完成资源的定义和创建。例如容器资源的创建应选择节点类型 Container。

⑤ 在对象树中将"物料托盘"拖入 Container 中，完成资源的分类，则 2PingYi 类即为气动平移装置，如图 5-13 所示。

步骤 2：气动平移装置的运动机构创建

运动机构有其确定的运动方式和工作范围以及相应的作用，所以在 Process Simulate 中的创建思路如图 5-14 所示。

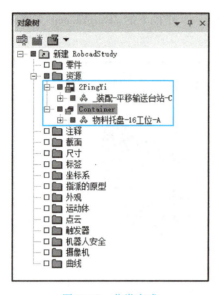

图 5-13　分类完成

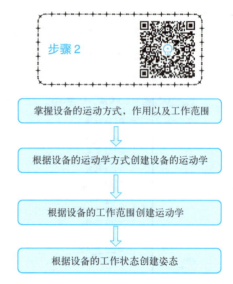

图 5-14　气动平移装置运动机构创建思路

气动平移装置的运动学建立过程如下。

① 在对象树中选择 2PingYi 后单击"设置建模范围"按钮。

② 在对象树中选择 2PingYi 后单击"运动学编辑器"按钮，如图 5-15 所示。

③ 通过"创建连杆"指令创建两个连杆，然后在 lnk1 中选入固定的部分，在 lnk2 中选入可移动部位，再按〈Ctrl〉键选择两个需要建立关节的连杆，使用"创建关节"指令创建 lnk2 基于 lnk1 的关节，关节类型为"移动"，如图 5-16 所示。

图 5-15　运动学编辑器

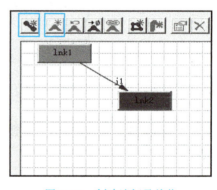

图 5-16　创建连杆及关节

④ 根据 lnk2 的工作方向沿横截面的方向设置轴的起始点，单击"确定"按钮，如图 5-17 所示。

 小提示：

1. 当一个设备内部有相对运动时，就需要为它创建运动学，如气动平移装置是平移台进行移动，而缸体和导轨不移动，所以需要创建运动学。

2. 一个设备的连杆数量根据设备中相对运动的机构来确定。

3. 关节类型和方向结合设备的运动方式来创建，移动选择坐标轴作为其方向，旋转则选取坐标轴作为其旋转轴。

根据设备工作方向及范围建立设备元件的姿态。首先完成气动平移装置工作范围的测量。
① 在对象树中选择 2PingYi 后单击"线性距离"按钮。
② 选择两个对象测量线性距离，复制测量结果，单击"关闭"按钮，如图 5-18 所示。

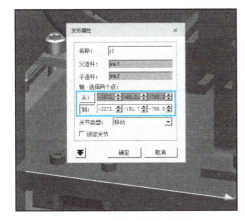

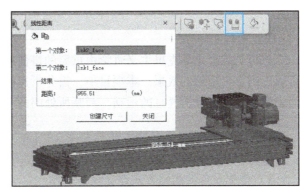

图 5-17　轴起始点的创建　　　　　　　　图 5-18　工作范围测量

然后完成气动平移装置的姿态创建。
① 在对象树中选择 2PingYi 后单击"设置建模范围"按钮。
② 在对象树中选择 2PingYi 后单击"姿态编辑器"按钮，如图 5-19 所示。

图 5-19　姿态编辑器

③ 单击"新建"按钮，在弹出的对话框中粘贴距离值使装置平移，"姿态名称"为 pingyi，单击"确定"按钮创建 pingyi 姿态，如图 5-20 所示。

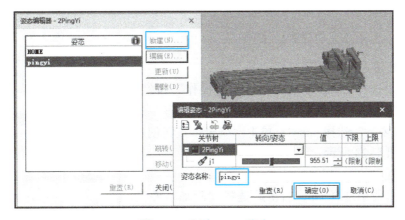

图 5-20　创建 pingyi 姿态

小提示：
1. 姿态编辑器用于新建及编辑设备的姿态。
2. 姿态名称建议使用英文及数字。
3. 创建的姿态用于新建设备操作时选用。

职业素养

分析与综合是马克思主义哲学中重要的辩证思维方法，在进行知识的学习时善用该方法可以达到事半功倍的效果。本项目中，需分析连杆和气缸之间的关系，从本质上理解连杆如何创建，再综合分析气缸的运动，判断所处的两个极限位置，从而创建姿态。

步骤3：气动平移装置的仿真

Process Simulate 中气动平移装置的仿真思路如图5-21所示。

（1）根据设备的运动方式建立设备操作

复合操作的建立过程如下。

① 在操作树中选择"操作"。

② 在菜单中选择"操作"后单击"新建操作"按钮，选择"新建复合操作"后单击"确定"按钮，如图5-22所示。

步骤3

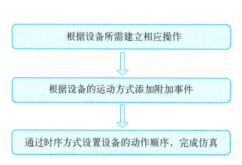

图5-21 气动平移装置的仿真思路

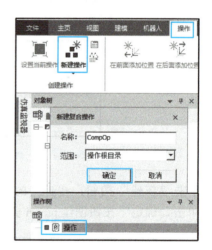

图5-22 新建复合操作

设备操作的建立过程如下。

在操作树中选择 CompOp 后单击"新建操作"按钮，选择"新建设备操作"，"设备"为 2PingYi，"从姿态"选择 HOME，"到姿态"选择 pingyi，单击"确定"按钮创建设备操作，如图5-23所示；

（2）添加托盘的附加事件

在序列编辑器中选择 Op，右击后选择"附加事件"，"要附加的对象"为 Container，"到对象"为 lnk2，选择"任务开始后"，单击"确定"按钮，如图5-24所示，这

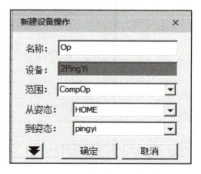

图5-23 新建设备操作

样当执行到 Op 时就会触发附加事件，使托盘跟随 lnk2 进行移动。

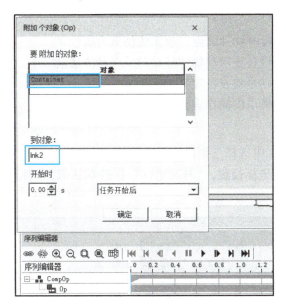

图 5-24 附加事件的设置

> **小提示：**
> 1. 附加事件中的"到对象"要选择移动的 lnk，若选择了整个资源，则物体只有在整个资源移动时才会跟随。
> 2. "任务开始后"是指操作开始执行后的第几秒执行事件。
> 3. 事件添加后会在操作上出现一个红点，双击可打开编辑。

（3）气动平移装置的运动仿真

① 单击"序列编辑器"按钮，在操作树中找到 CompOp，将其拖入序列编辑器中，单击"播放"按钮，如图 5-25 所示。

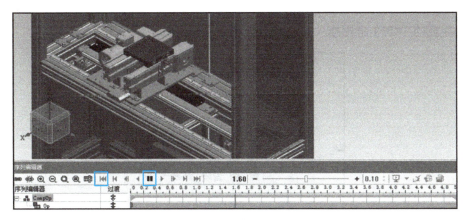

图 5-25 仿真播放操作

② lnk2 将与托盘平移至输送台末端，单击"重置"按钮，可使其恢复至原位。
③ 保存文件，完成气动平移装置运动仿真的任务。

项目拓展　气动平移装置的握爪定义

Process Simulate 软件没有物理属性，故无法仿真力属性来带动物体移动，所以一个设备要带动物体移动时，一种方法就是添加附加事件，另一种则是将设备定义为握爪。

项目拓展

这里对将设备定义为握爪的操作进行讲解。

1. 工具定义

① 在 Process Simulate 中选择已创建好运动学的 2PingYi。单击"工具定义"按钮，"TCP 坐标"选择图形中的红色坐标位置，"基准坐标"保持默认值，"抓握实体"选择和托盘接触的部分，如图 5-26 所示。

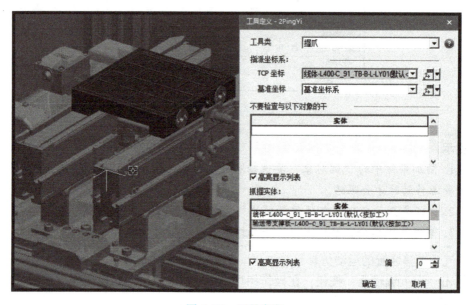

图 5-26　工具定义

② 将生成的 TCPF1 坐标拖入 lnk2 中，如图 5-27 所示。

图 5-27　移动 TCPF1

2. 创建操作

① 单击"新建握爪操作"按钮，创建一个握爪操作，实现对托盘的抓握，如图 5-28 所示。

② 在序列编辑器中将两个操作链接起来，就不需要添加附加事件了。开始仿真如图 5-29 所示。

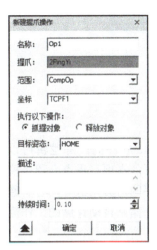

图 5-28　新建握爪操作

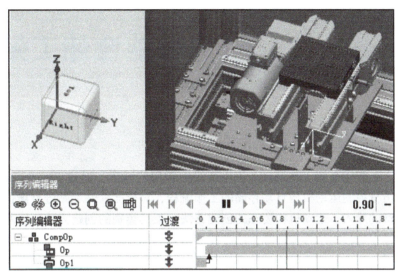

图 5-29　开始仿真

 练习题

1. 在没有添加附加事件时，托盘能否跟随平移台移动？
2. 托盘跟随平移台移动时如何进行拆离？
3. 附加事件和握爪操作这两种方式各自的优势是什么？
4. （实操题）在 Process Simulate 中展示气动平移装置中平移台的往复运动。

项目 6　　智能仓储工站仿真

项目描述

　　智能仓储工站是自动化生产线中常用的装置,通过 Process Simulate 软件的内部逻辑可以仿真控制运动机构自动存储的工作流程,对智能仓储工站进行虚拟仿真。本项目重点介绍了模型的导入、运动机构姿态的创建方法、工具类别的创建方法,以及时序的仿真调试等内容。通过本项目的学习和训练,读者能够仿真非标自动化设备的动作,实现仓储站自动存储的工作流程,实现智能仓储工站的虚拟仿真。工业仓储现场如图 6-1 所示。

图 6-1　工业仓储现场

技能证书要求

对应的 1+X 生产线数字化仿真应用证书技能点	
1.1.2	能够根据生产线工艺文件,明确产品生产工艺过程
2.1.1	能够根据生产线的布局要求,设置设备坐标、工具坐标、物流坐标的位置参数

项目6 智能仓储工站仿真

(续)

对应的1+X生产线数字化仿真应用证书技能点	
2.2.2	能根据设备的运动要求，定义各个设备运动机构的运动姿态
3.2.2	能够根据生产线工艺及运动机构的运动关系，建立仿真顺序
3.2.4	能够根据生产线工艺要求，演示虚拟仿真运动状态

学习目标

- 掌握智能仓储工站工艺功能分析的方法，并能够分析智能仓储工站的工艺功能。
- 掌握智能仓储工站模型导入的方法，并能够导入正确的仓储站模型。
- 掌握智能仓储工站创建姿态的方法，并能够创建智能仓储工站设备的姿态。
- 掌握智能仓储工站工具定义的方法，并能够对智能仓储工站进行工具定义。
- 掌握智能仓储工站创建设备操作的方法，并能够创建智能仓储工站的设备操作。
- 掌握智能仓储工站创建握爪操作的方法，并能够创建智能仓储工站的握爪操作。
- 掌握智能仓储工站时序仿真调试的方法，并能够创建仿真顺序。
- 通过动作仿真，培养学生分析与综合的科学思维。
- 通过组内合作，提高团队协作及沟通能力。

学习导图

任务6.1 智能仓储工站认知

请结合表6-1中的内容了解本任务和关键指标。

表 6-1 任务书

任务名称	智能仓储工站认知	任务来源	企业综合项目
姓　　名		实施时间	
任务描述	某工厂要对智能仓储工站进行仿真设计,现需要在 Process Simulate 软件中进行智能仓储工站的仿真设计,实现各组件的功能。要求:完成智能仓储工站的工艺功能分析,确保智能仓储工站模型完整;将仓储工站模型导入。		
关键指标要求	1. 将智能仓储工站模型导入,保证模型完整。 2. 分析智能仓储工站的工艺功能。		

知识准备

6.1.1 智能仓储工站介绍

1. 智能仓储

智能仓储是物料搬运、科学仓储的一门综合工程,它以高层立体货架为主要标志,以成套先进搬运设备为基础,以先进的计算机控制技术为主要手段,高效利用空间、时间和人力进行出入库处理。把自动化立体仓库技术应用到货物流通领域中,能极大地提高货物流通效率,减轻工作人员的劳动强度。仓储设备如图 6-2 所示。

智能仓储工站介绍

图 6-2 仓储设备

堆垛机是立体仓库成套设备中的主机，是一种在轨道上运行的起重机械，它能在三维空间上按照一定的动作（行走、升降、两侧向伸缩）组合进行往复运动，以完成对集装单元或拣选货物的出入库作业。在本项目中，三轴伺服机构就是智能仓储工站的堆垛机。

2. 智能仓储工站设备组成

智能仓储工站由三轴伺服机构、仓储站工作台、存储料库及直线输送机构组成，如图6-3所示。各部分作用如下。

1）三轴伺服机构的作用是拾取或放置托盘至指定位置。

2）仓储站工作台的作用是为各个机构提供稳定的平面。

3）存储料库的作用是放置托盘。

4）直线输送机构的作用是输送托盘。

3. 智能仓储工站工艺

（1）取出工艺

当仓储站开始运行时，三轴伺服机构开始执行出库流程，从home点（三轴伺服机构的初始位置）右移后下移至目标位置，取料装置伸出，将托盘抬起后缩回，下移至输送线处的目标位置，伸出后下降，将托盘放至输送线上，然后取料装置缩回再上移回到home点，完成托盘放至输送线上的工作。

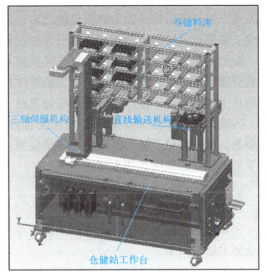

图6-3 智能仓储工站

（2）存储工艺

三轴伺服机构开始执行入库流程，右移后下移至目标位置，取料装置伸出，将托盘抬起后缩回，上移至空仓储架处的目标位置，伸出后下降，将托盘放至空仓储架上，然后取料装置缩回，再回到home点，完成托盘放至空仓储架的工作。

---- **职业素养** ----

团队意识是工作中不可或缺的素养。在本案例中，为完成托盘的存取，单凭一个轴很难完成，需要三个轴配合共同完成。在企业中，随着企业分工越来越细，个人已不可能完成系统性的复杂工作，需要团队协同才能完成，否则，企业的协同运作就会受到影响。实际上，企业很多问题的产生都是因为部门之间相互协作出现了问题，或部门内部协同出现了问题。

4. 智能仓储工站的特点

1）仓储站利用高层货架存储货物，能够更大限度地利用空间，提升仓库货位的利用率。

2）仓储站中的物品出入库都是由计算机自动控制的，可迅速、准确地将物品输送到指定位置，可大大提高仓库的存储周转效率，降低存储成本。

3）仓储站能连续、大批量地取放托盘。本项目中的智能仓储工站能够完成托盘的放置与拾取。

4）仓储站的存储作业基本实现无人化。本项目中托盘的放置与拾取都不需要人工参与，由产线独立进行，完成存储任务。

6.1.2 智能仓储工站的运动分析及仿真方法

智能仓储工站的主要执行机构是三轴伺服机构，故需要掌握其工作过程和在 Process Simulate 中的仿真方法。

本项目中的三轴伺服机构是在 XYZ 三个方向上进行移动。

在 Process Simulate 中，要实现三轴伺服机构的仿真，需要先将三轴伺服机构设置为建模范围之内，再在姿态编辑器中创建三轴伺服机构的运动状态，然后添加设备操作，实现三轴伺服机构的定向移动仿真。

要创建三轴伺服机构的姿态首先需要将其设备中的零件以及资源进行分类，新建资源用于为新资源创建原型，新建零件用于为新零件创建原型。零件指的是生产线的原料和产品，资源指的是生产线上用于生产的设备。在分类时，要从产线的工艺出发。

三轴伺服机构的 XYZ 轴需要相互配合进行托盘的抓取，姿态编辑器用于新建及编辑设备的姿态，可以创建三轴伺服机构的多个位置，而创建设备操作可使三轴伺服机构由初始位置移动至另一位置，完成其基本移动过程。

 任务实施

完成智能仓储工站仿真设计需要两个步骤：① 分析智能仓储工站的工艺功能；② 处理智能仓储工站的模型。

步骤 1：智能仓储工站的工艺功能分析

（1）明确需要完成的工作任务

本项目需要在 Process Simulate 中完成智能仓储工站的仿真设计。首先分析仓储站的工艺功能，然后在 Process Simulate 中完成仓储站模型的导入与分类、姿态的创建以及设备操作的创建，用于实现三轴伺服机构按照规定的工作方向进行移动，最终实现托盘的放置与存储。

（2）对智能仓储工站进行工艺流程分析

当仓储工站开始运行时，三轴伺服机构开始执行出库流程，从 home 右移后下移至目标位置，取料装置伸出，将托盘抬起后缩回，下移至输送线处的目标位置，伸出后下降，将托盘放至输送线上，如图 6-4 所示出库流程状态 1。

然后取料装置缩回，再上移回到 home 点，完成托盘放至输送线上的工作过程，如图 6-5 所示出库流程状态 2。

图 6-4　出库流程状态 1

图 6-5　出库流程状态 2

三轴伺服机构开始执行入库流程，右移后下移至目标位置，取料装置伸出，将托盘抬起后缩回，上移至空仓储架处的目标位置，伸出后下降，将托盘放至空仓储架上，如图 6-6 所示入库流程状态 1。

然后取料装置缩回，再回到 home 点，完成托盘放至空仓储架的工作过程，如图 6-7 所示入库流程状态 2。

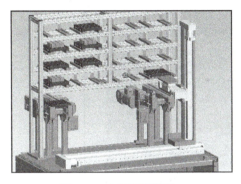

图 6-6　入库流程状态 1

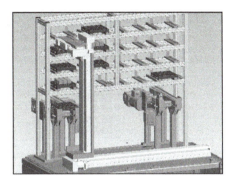

图 6-7　入库流程状态 2

（3）仿真流程分析

本项目要求在 Process Simulate 中完成智能仓储工站的托盘放置与拾取过程仿真，其流程见表 6-2。实施过程中的重点是完成智能仓储工站上设备的姿态创建，保证三轴伺服机构能展示相应功能；难点是创建不同类型的姿态，过程烦琐。

表 6-2　仿真流程

步骤	工作内容	作用
1	模型导入	将模型导入到 Process Simulate 中
2	姿态创建	定义设备的工作姿态
	工具定义	定义设备的工具类型，使其具有相应功能
3	时序仿真	建立多个设备操作，实现运动仿真

步骤 2：智能仓储工站的模型处理

智能仓储工站在 Process Simulate 中的模型处理思路如图 6-8 所示。

（1）对模型进行导入和分类

1）模型的导入：

① 将 4CangChu.cojt 与 sz.cojt 文件夹放置到 D:\ZTecno\XM6\demo6-1 路径下。

② 打开 Process Simulate，将软件的根目录设置为 D:\ZTecno\XM6\demo6-1。

③ 在菜单栏中选择"文件"后单击"断开研究"，选择"新建研究"命令，在弹出的对话框中单击"创建"按钮，建立一个新研究。

④ 单击 Process Simulate 中的"插入组件"按钮，在弹出的对话框中选择 D:\ZTecno\XM6\

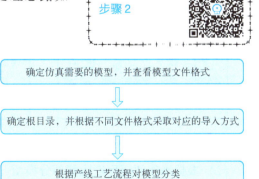

图 6-8　智能仓储工站的模型处理思路

demo6-1 路径下的 4CangChu.cojt 与 sz.cojt 文件夹后单击"打开"按钮。导入结果如图 6-9 所示。

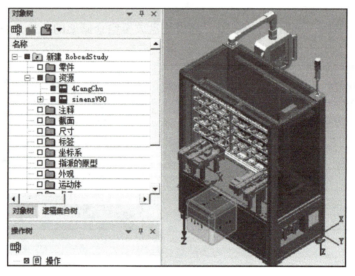

图 6-9 模型导入结果

2)模型的分类:

① 选择 4CangChu 后单击"设置建模范围"按钮。

② 观察仓储站模型,由于在 Process Simulate 中搬运物体时是以整个零件或资源进行搬运的,可发现需要分类的零件为两个托盘。

 小提示:

1. 本项目仿真左上第一个托盘的取出过程和右下传送带上的托盘放置过程。
2. 实施时以完成目标为主,只分类两个托盘,其他托盘不进行分类,提高效率。

③ 在 Process Simulate 中单击"新建零件"按钮,如图 6-10 所示。

④ 选择节点类型 PartPrototype 后单击"确定"按钮,便完成了 PartPrototype 零件的定义和创建。

⑤ 分别将两个托盘拖入 PartPrototype、PartPrototype1 中,完成零件的分类,如图 6-11 所示。

图 6-10 新建零件

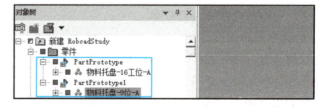

图 6-11 零件分类完成

(2)根据操作便捷程度隐藏部分模型

此仓储机构外部有智能工作台等其他设备容易遮挡视线,为了方便操作可将其隐藏。

将对象树中的"_仓储站总装配 V2.01-A"展开,把其中的三轴模型隐藏,本项目中使用运动学建立完成的三轴伺服机构 Siemens V90 进行仿真。隐藏效果如图 6-12 所示。

项目 6　智能仓储工站仿真

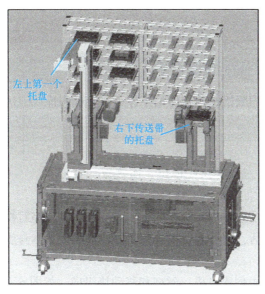

图 6-12　隐藏效果

任务 6.2　智能仓储工站设备配置

 任务提出

请结合表 6-3 中的内容了解本任务和关键指标。

表 6-3　任务书

任务名称	智能仓储工站设备配置	任务来源	企业综合项目
姓　　名		实施时间	
任务描述	某工厂要对智能仓储工站进行设备配置。现需要在 Process Simulate 软件中进行智能仓储工站的仿真设计，实现各组件的功能。要求：了解进行智能仓储工站的设备，创建工具类别，建立设备姿态，完成智能仓储工站的设备配置。		
关键指标要求	1. 智能仓储工站设备姿态创建完整且正确。 2. 智能仓储工站工具类别定义正确。		

 知识准备

6.2.1 智能仓储工站的设备介绍

智能仓储工站由三轴伺服机构、仓储站工作台、存储料库及直线输送机构组成。

智能仓储工站的设备介绍

1. 三轴伺服机构

三轴伺服机构由 XYZ 三轴的丝杠模组、连接板、限位装置和 Y 轴工作板组成。

所谓三轴，就是在三维立体空间的环境下，通过长、宽、高对物体进行控制和定位。把这种技术应用于控制平台的话，则可使受控设备更好地摆脱设备本身所处形态等因素对工作效果产生的影响。

XYZ 三轴的丝杠模组由伺服电机、丝杠和移动块组成，如图 6-13 所示。伺服电机是伺服系统中控制机械元件运转的电动机，提供动力，带动位于导轨槽内的丝杠旋转，旋转后移动块就在导轨上进行移动，所以通过将 Z 轴的丝杠模组安装到 X 轴的移动块上，就能实现 X 和 Z 轴方向上的移动，Y 轴的安装也是同样的道理。

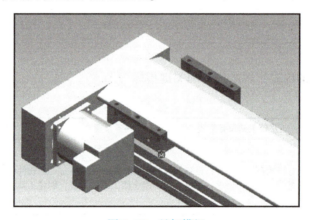

图 6-13　丝杠模组

丝杠模组有专门的厂商生产，设计中一般采用外购的方式。可以看到，丝杠模组中的移动块接触面较小，且安装位置单一，所以为了满足机械设计中要求的稳定性，需要先安装一个连接板。

连接板是三轴分别连接固定的装置。连接板通过螺钉与移动块固定在一起，提供更大的面积来安装其他设备，如图 6-14 所示。连接板根据需要进行开孔，通过改变连接板就能连接不同的设备。

限位装置用于防止工作板和移动块的运动超出连接板，如图 6-15 所示，由槽型光电传感器和伺服连接板上的 T 形块组成。当 T 形块处于槽型光电传感器槽口中间时，传感器便会感应到，使伺服机构停止运动。在 XYZ 三轴左右限位处都需要安装这种槽型光电传感器。

Y 轴工作板是取放托盘的装置，工作板通过螺钉安装在 Y 轴上，如图 6-16 所示。可以发现，选用工作板时需要考虑托盘底部槽口的宽度，工作板的宽度不能大于槽口的宽度。

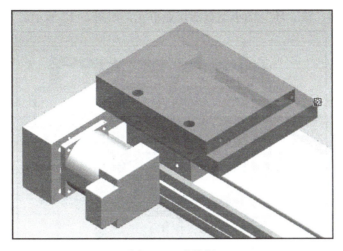

图 6-14 连接板

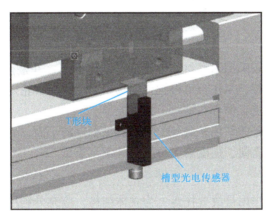

图 6-15 限位装置

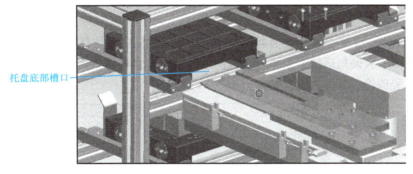

图 6-16 工作板的安装

三轴伺服机构在本任务中的作用是拾取或放置托盘至指定位置。

2. 仓储站工作台

随着制造业的发展，产线的设计越来越数字化和智能化。对于工作台，则在继承原本简单"置物"功能的基础上，对其集成性和功能性提出了更高的要求，如配合 MES（制造执行系统）进行灯光拣选、工步引导、人机交互等。此时，工作台已经不是简单的台面，而是一个集成了"人、机、料、法、环"的小型智能作业单元,如图6-17所示。

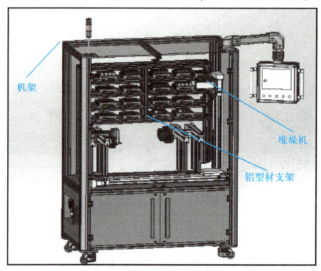

图6-17 仓储站工作台

工作台机械本体,一般采用铝型材或者钢型材制作框架,并根据实际需求设计置物功能,如配置台下抽屉或者柜体等。工作台可根据使用场景设计成无脚轮定置型或者脚轮可移动型。

智能工作台本体与传统工作台在结构上并无差异。

仓储站工作台在本任务的作用是为各个机构提供稳定的平面,更合理地利用空间,存放并保护各种设备,要求组装简便、强度高,可承受其额定重量。

3. 存储料库

存储料库在本任务的作用是放置托盘,为立体结构。应充分利用料库空间,提高料库容量利用率,扩大料库存储能力,以满足大批量货物集中管理需要,配合机械搬运工具,做到存储与搬运工作秩序井然。

4. 直线输送机构

带传输在农业、工矿企业和交通运输业中广泛用于输送各种固体块状和粉状物料,它能完成连续、高效率、大倾角运输,操作安全,使用简便,维修容易,运行成本低,并能缩短运输距离,降低工程造价,节省人力、物力,如图6-18所示。

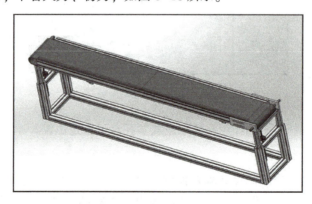

图6-18 直线输送机构

设备启动后，传送带靠带与带轮之间的摩擦力来传递动力，将电动机等旋转产生的动力通过带轮传导到机械设备上，将物体运送到目标位置。

直线输送机构在本任务中的作用是输送托盘。

6.2.2 软件术语及指令应用

本任务中主要使用的软件术语及指令为在 2 点之间创建坐标系和握爪。

软件术语及指令应用

1. 在 2 点之间创建坐标系

"在 2 点之间创建坐标系"指令的图标是 ，可在软件"建模"选项卡→"布局"组→"创建坐标系"中找到，它通过选取两点来创建坐标系，用作参考位置或在工具定义时使用。在本任务中将其用于创建三轴伺服机构的 TCP 坐标系。

2. 握爪

"握爪"功能可在软件"建模"选项卡→"运动学设备"组→"工具定义"→"工具类"中找到。握爪能够把与其发生干涉的对象"夹住"，让其跟随移动，本任务中用于定义三轴伺服机构为握爪，方便抓取物料。

 任务实施

完成智能仓储工站需要两个步骤：①创建智能仓储工站的工具类别；②创建智能仓储工站的设备姿态，完成其设备配置。

步骤 1：创建智能仓储工站的工具类别

步骤1

创建工具类别的思路如图 6-19 所示。

（1）根据工艺需求建立工具坐标

① 在对象树中选择 siemens V90，单击"设置建模范围"。

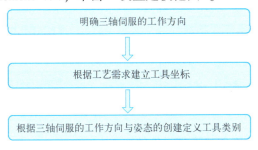

图 6-19 创建工具类别的思路

② 在菜单栏中单击"创建坐标系"，选择"通过 2 点创建坐标系"，选择 lnk4 中工作板的两个端点，单击"确定"按钮，创建工具坐标，如图 6-20 所示。

③ 双击新建的坐标，重命名为 tcp，将 tcp 拖入 lnk4 中。

> **小提示：**
> 1. 三轴伺服机构的 tcp 坐标需要拖入 lnk4 中，让其跟随设备移动，方便抓取托盘。
> 2. 工具定义中抓握实体需要选择与被抓握对象接触的部分，例如本任务中与托盘的接触部分为 Y 轴工作板。

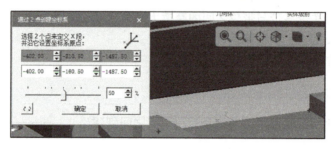

图 6-20　创建工具坐标

(2) 工具定义为握爪

在对象树中选择 siemens V90，在菜单栏中单击"工具定义"按钮，"工具类"为"握爪"，"TCP 坐标"选择 tcp，"抓握实体"为"Y 轴工作板"，单击"确定"按钮，如图 6-21 所示。

步骤 2：创建智能仓储工站的设备姿态

创建智能仓储工站设备姿态的思路如图 6-22 所示。

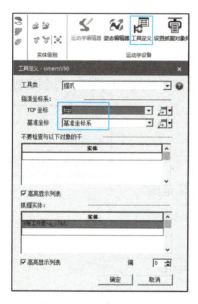

图 6-21　创建工具类别

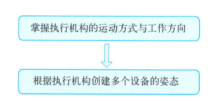

图 6-22　创建智能仓储工站设备姿态的思路

根据设备工作方向及范围创建设备元件的姿态。

① 在对象树中选择 siemens V90 后单击"设置建模范围"按钮。

② 在对象树中选择 siemens V90 后单击"姿态编辑器"按钮。

💡 小提示：

1. 姿态编辑器用于新建及编辑设备的姿态，用于新建设备操作以及握爪操作。

2. 姿态名称建议使用英文及数字，有一定规律，方便下一步建立各个操作。

(1) 将托盘放至输送线

① 单击"新建"按钮，j1 值为 58，姿态名为 1stepyou，单击"确定"按钮完成，如图 6-23 所示。

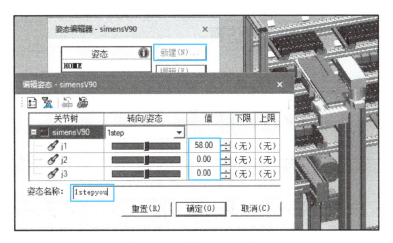

图 6-23 创建 1stepyou 姿态

② 重复上述步骤，依次创建表 6-4 中的取出过程姿态。

表 6-4 取出过程姿态

步骤	j1	j2	j3	姿态名称
2	58	22	0	2stepxia
3	58	22	180	3stepshen
4	58	0	180	4stepshang
5	58	0	−19	5stepsuo
6	58	547	−19	6stepxia
7	58	547	160	7stepshen
8	58	564	160	8stepxia
9	58	564	0	9stepsuo
10	0	0	0	10stephome

（2）将托盘放至料库

重复上述步骤，依次创建表 6-5 中的存储过程姿态。

表 6-5 存储过程姿态

步骤	j1	j2	j3	姿态名称
1	893	0	0	step1you
2	893	564	0	step2xia
3	893	564	160	step3shen
4	893	540	160	step4shang
5	893	540	−19	step5suo
6	893	372	−19	step6shang
7	893	372	196	step7shen
8	893	411	196	step8xia
9	893	411	0	step9suo
10	0	0	0	step10home

（3）根据任务书中的关键指标要求对模型进行检查，检查无误就完成了智能仓储工站设备配置任务。

任务 6.3 智能仓储工站时序仿真

任务提出

请结合表 6-6 中的内容了解本任务和关键指标。

表 6-6 任务书

任务名称	智能仓储工站时序仿真	任务来源	企业综合项目
姓 名		实施时间	
任务描述	某工厂要对智能仓储工站中的三轴伺服机构进行设置,让其执行出库以及入库流程,完成托盘拾取以及放置的工作过程。此任务则需要在 Process Simulate 软件中进行智能仓储工站的时序仿真操作,实现三轴伺服机构的功能。要求:进行智能仓储工站设备操作的建立、握爪操作的建立以及仿真顺序的创建,完成智能仓储工站的时序仿真。		
关键指标要求	1. 三轴伺服机构能够将托盘放至输送线。 2. 三轴伺服机构能够将托盘放至料库。		

知识准备

6.3.1 智能仓储工站的工作流程

1. 托盘放至输送线上的工作过程

当仓储站开始运行时,三轴伺服机构开始执行出库流程,从 home 点右移后下移至目标位置,取料装置伸出,将托盘抬起后缩回,下移至输送线处的目标位置,伸出后下降,将托盘放至输送线,然后取料装置缩回,再上移回到 home 点,完成托盘放至输送线上的工作过程。

智能仓储工站的工作流程

2. 托盘放至空仓储架的工作过程

当仓储站开始运行时，三轴伺服机构开始执行入库流程，右移后下移至目标位置，取料装置伸出，将托盘抬起后缩回，上移至空仓储架处的目标位置，伸出后下降，将托盘放至空仓储架，然后取料装置缩回到 home 点，完成托盘放至空仓储架的工作过程。

6.3.2 软件术语及指令应用

本任务中主要使用的软件术语及指令为链接以及新建握爪操作。

1. 链接

"链接"指令的图标是 ，可在软件序列编辑器中找到。链接的作用是在序列编辑器中设置操作的顺序，将各个操作进行链接，链接后的操作按顺序执行。本任务中该指令用于链接三轴伺服机构的设备操作和握爪操作，实现三轴伺服机构取出和存储托盘的仿真。

2. 新建握爪操作

"新建握爪操作"指令的图标是 ，可在软件"操作"选项卡→"创建操作"组→"新建操作命令"组中找到。新建握爪操作的作用是将设备附加到另一个姿态，本任务中用于创建三轴伺服机构的握爪操作，使物料跟随三轴伺服机构运动。

任务实施

完成智能仓储工站时序仿真需要两个步骤：①分析三轴伺服机构的工作方向，建立智能仓储工站的设备操作与握爪操作；②进行时序仿真调试，实现智能仓储工站的工作流程。

步骤1：创建智能仓储工站中的操作

在进行智能仓储工站仿真时需要新建操作，所以在 Process Simulate 中需要创建设备操作，其创建思路如图 6-24 所示。

图 6-24 创建智能仓储工站中操作的思路

（1）复合操作的创建

① 在操作树中选择"操作"。

② 在菜单中选择"操作"后单击"新建操作"，选择"新建复合操作"。

③ 根据表 6-7 创建三轴伺服机构取出托盘的设备操作，其中"从姿态"默认为当前姿态，所有操作都放置在复合操作下。

④ 根据表 6-8 创建三轴伺服存储托盘的设备操作，其中"从姿态"默认为当前姿态，所有操作都放置在复合操作下。

表 6-7　取出托盘的设备操作

步骤	设备	到姿态	持续时间	操作名称
1 三轴伺服机构右移	siemens V90	1stepyou	3 s	1step
2 三轴伺服机构下移	siemens V90	2stepxia	3 s	2step
3 三轴伺服机构伸出	siemens V90	3stepshen	3 s	3step
4 三轴伺服机构上移	siemens V90	4stepshang	3 s	4step
5 三轴伺服机构缩回	siemens V90	5stepsuo	3 s	5step
6 三轴伺服机构下移	siemens V90	6stepxia	3 s	6step
7 三轴伺服机构伸出	siemens V90	7stepshen	3 s	7step
8 三轴伺服机构下移	siemens V90	8stepxia	3 s	8step
9 三轴伺服机构缩回	siemens V90	9stepsuo	3 s	9step
10 三轴伺服机构原位	siemens V90	10stephome	3 s	10step

表 6-8　存储托盘的设备操作

步骤	设备	到姿态	持续时间	操作名称
1 三轴伺服机构右移	siemens V90	step1you	3 s	step1
2 三轴伺服机构下移	siemens V90	step2xia	3 s	step2
3 三轴伺服机构伸出	siemens V90	step3shen	3 s	step3
4 三轴伺服机构上移	siemens V90	step4shang	3 s	step4
5 三轴伺服机构缩回	siemens V90	step5suo	3 s	step5
6 三轴伺服机构上移	siemens V90	step6shang	3 s	step6
7 三轴伺服机构伸出	siemens V90	step7shen	3 s	step7
8 三轴伺服机构下移	siemens V90	step8xia	3 s	step8
9 三轴伺服机构缩回	siemens V90	step9suo	3 s	step9
10 三轴伺服机构原位	siemens V90	step10home	3 s	step10

小提示：

1. 设备操作用于将设备从一个姿态移动到另一个姿态，本任务中是让三轴伺服机构能够根据工艺需求从初始位移动至另一端。

2. 握爪操作用于将被抓握实体碰到的对象附加到三轴伺服机构的 tcp 坐标上或从 tcp 坐标上拆离。

（2）握爪操作的创建

① 在操作树中选择 CompOp 后单击"新建操作"。

② 新建握爪操作，"名称"为 zhua1，"握爪"为 siemensV90，"执行以下操作"为"抓握对象"，"目标姿态"为 3stepshen，"持续时间"为 0.1，单击"确定"按钮完成创建 zhua1 握爪操作，如图 6-25 所示。

③ 根据表 6-9 完成三个握爪操作的创建。

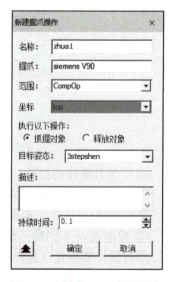

图 6-25　创建 zhua1 握爪操作

表 6-9 握爪操作

执行以下操作	设 备	目标姿态	持续时间	操作名称
释放对象	siemens V90	8stepxia	0.1 s	fang1
抓握对象	siemens V90	step3shen	0.1 s	zhua2
释放对象	siemens V90	step8shen	0.1 s	fang2

步骤 2：智能仓储工站的时序仿真调试

智能仓储工站的时序仿真调试思路如图 6-26 所示。

（1）时序仿真的顺序

① 打开序列编辑器，在操作树中找到 CompOp，将其拖入"序列编辑器"中。

② 在序列编辑器中将 zhua1 拖至 3step 下方，fang1 拖至 8step 下方，zhua2 拖至 step3 下方，fang2 拖至 step8 下方，如图 6-27 所示。

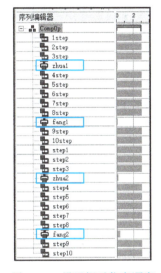

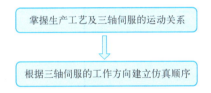

图 6-26 智能仓储工站的时序仿真调试思路

图 6-27 设置握爪仿真顺序

💡 **小提示：**

1. 设置握爪仿真顺序要将握爪操作移至创建握爪操作时的目标姿态之下，避免仿真时托盘不跟随设备运动。

2. 握爪操作执行抓握发生在操作的最后一刻。

3. 握爪操作执行释放发生在操作的开始一刻。

③ 在序列编辑器中选择 1step，按住〈Shift〉键选择至 step10，单击"链接"按钮，如图 6-28 所示。

（2）时序仿真操作

① 在序列编辑器中拖入 CompOp，单击"播放"按钮。

② 观察三轴伺服机构是否能正确执行操作，结束后单击"重置"按钮，使其恢复至原位。

③ 保存文件，完成智能仓储工站的仿真任务。

图 6-28 链接

项目拓展　三轴伺服机构的目标位置运动控制

在 Process Simulate 软件中，三轴伺服机构除了以编辑运动学与姿态进行移动外，还能以信号连接的方式进行移动。

这里在 CEE 模式下对三轴伺服机构以信号连接形式进行移动的操作进行讲解。

项目拓展

1. 模型处理

① 新建一个研究，并将创建好运动学的模型导入。

② 在"主页"中选择"生产线仿真模式"，如图 6-29 所示。

图 6-29　生产线仿真模式

③ 在空白处右击后选择"选项"命令，打开"选项"对话框，仿真模式改为 CEE，如图 6-30 所示。

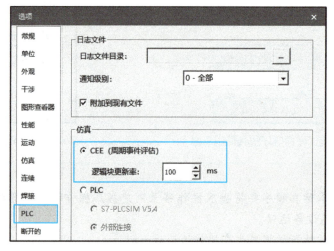

图 6-30　设置 CEE 模式

2. 建立信号

① 在"主页"中找到"查看器"，从中选择"信号查看器"，如图 6-31 所示。

② 在信号查看器中单击"新建"按钮，然后新建资源输出信号，数量为 3。

③ 在信号查看器中将新建信号分别命名为 guanjie1、guanjie2、guanjie3，"类型"改为 REAL，如图 6-32 所示。

④ 在对象树中选择 siemens V90，然后在菜单栏单击"控件"，选择"添加逻辑到资源"，在"入口"中添加三个 REAL 类型的信号并重命名为 guanjie1、guanjie2、guanjie3。

⑤ 在"连接的信号"中选择"信号查看器"新建的三个 REAL 入口，如图 6-33 所示。

项目 6　智能仓储工站仿真

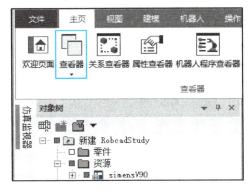

图 6-31　查看器

图 6-32　信号名称与类型

图 6-33　连接的信号

⑥ 选择"操作"，添加行，"值表达式"为1，在右侧单击"入口"按钮，将三个入口分别拖入对应的"关节值表达式"中，"目标速度表达式"为50，"加速度表达式"为5，"减速度表达式"为5，如图 6-34 所示。

图 6-34　创建 guanjie1、guanjie2 操作

3. 调试

① 在"控件"选项卡中单击按钮打开仿真面板,如图 6-35 所示。

图 6-35 "仿真面板"按钮

② 在信号查看器中选择新建的三个信号,在仿真面板中单击"添加信号到查看器"按钮,如图 6-36 所示。

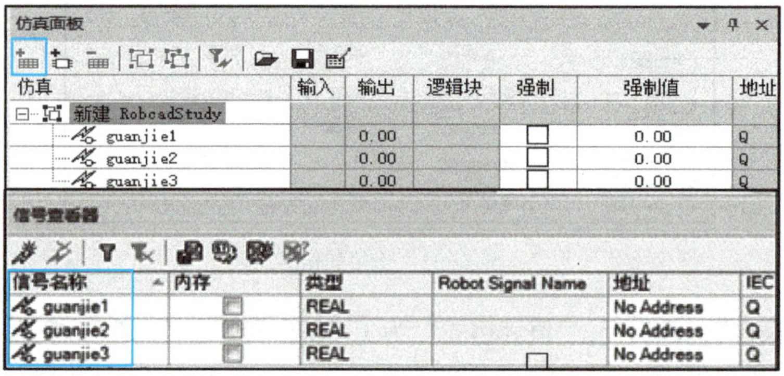

图 6-36 仿真面板

③ 打开序列编辑器,单击"播放"按钮,将三个信号进行强制,并修改强制值,查看三轴伺服机构的移动过程,如图 6-37 所示。

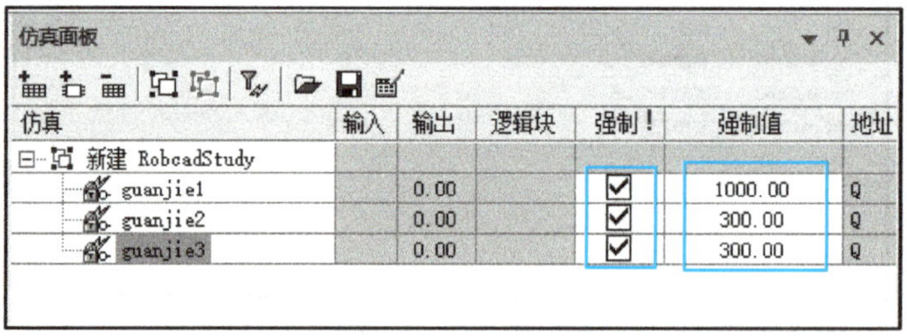

图 6-37 进行强制

练习题

1. 托盘跟随运动机构移动除了工具定义之外还有什么方法?
2. 通过建立信号输入数值移动三轴伺服机构的优点有哪些?
3. 在项目拓展中,如何让三轴伺服机构单独一个轴进行移动?
4. (实操题)在智能仓储工站中选取另一个托盘放置到传送带上。

项目 7　智能装配工站仿真

 项目描述

智能装配工站是自动化生产线中的常用装置，通过 Process Simulate 软件的内部逻辑可以仿真控制智能装配工站的工作流程。本项目重点介绍了定义运动学与创建姿态的方法、工具定义的方法、创建逻辑资源的方法以及进行 CEE 仿真调试等内容。通过本项目的学习和训练，读者能够仿真非标自动化设备的动作，设计设备的逻辑关系，实现智能装配工站的虚拟仿真。工业装配现场如图 7-1 所示。

图 7-1　工业装配现场

 技能证书要求

对应的 1+X 生产线数字化仿真应用证书技能点	
2.2.2	能根据设备的运动要求，定义各个设备运动机构的运动姿态
2.3.1	在虚拟仿真环境下，能够根据运动机构的运动分析建立相关输入、输出信号
3.2.3	能够根据生产线工艺要求，手动设置并优化机器人运动轨迹
4.1.4	能够根据生产线控制要求，分配信号地址、定义信号类型
4.2.6	能够根据生产线的工艺仿真结果，优化参数、调试虚拟设备，验证其是否满足生产工艺

学习目标

- 掌握智能装配工站模型导入的方法，并能导入智能装配工站的模型。
- 掌握智能装配工站定义运动学和创建姿态的方法，并能创建其设备的运动学和姿态。
- 掌握智能装配工站工具定义的方法，并能创建智能装配工站的工具。
- 掌握智能装配工站创建设备操作及机器人操作的方法，并能创建智能装配工站的操作。
- 掌握智能装配工站创建信号的方法，并能创建智能装配工站的仿真信号。
- 掌握智能装配工站创建逻辑资源的方法，并能创建物料分拣站的逻辑资源。
- 掌握逻辑资源控制智能装配工站的方法，并能实现智能装配工站的虚拟仿真。
- 通过虚拟仿真，树立精益求精的工匠精神。

 学习导图

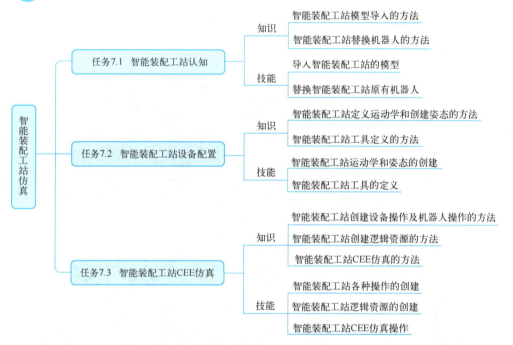

任务 7.1 智能装配工站认知

 任务提出

请结合表 7-1 中的内容了解本任务和关键指标。

表 7-1 任务书

任务名称	智能装配工站认知	任务来源	企业综合项目
姓　　名		实施时间	
任务描述	某工厂要对智能装配工站进行设计，现需要在 Process Simulate 软件中进行智能装配工站的仿真，实现各组件的功能。要求：首先，完成装配站的工艺功能分析，确保其模型完整；然后，将装配站的模型导入；最后，替换装配站原有机器人。		

(续)

任务描述	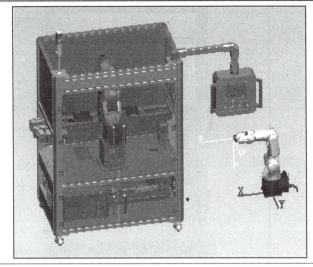
关键指标要求	1. 智能装配工站模型导入。 2. 替换原有机器人。

 知识准备

7.1.1 智能装配工站介绍

1. 工业机器人装配

装配指的是将相关零部件依照相应的技术要求进行组装，并经过调试、检验等一系列工作流程使之成为合格的工业产品。

智能装配工站介绍

总体来说，装配可以分为组装、调整、检验、试验、涂装、包装等多项流程，对于零部件的定位精度、固定牢靠度等均有非常高的要求，是确保产品使用质量、使用寿命的重要流程。

随着当前科学技术的不断进步，机器人技术已经成为工业制造与生产过程中一项普遍应用的重要技术类型。尤其是在工业产品的装配过程中，工业机器人的应用对提升产品质量、产量、生产效率等均有非常积极的作用，同时还能有效降低产品装配作业的人力资源消耗，对提升生产企业的经济效益有非常重要的作用，如图7-2所示。

工业机器人在装配过程中操作速度快，加速性能好，能缩短工作循环时间；具有极高的重复定位精度，能保证装配精度；能提高生产效率，解决单一繁重体力劳动；可靠性好、适应性强、稳定性高；柔顺性好、工作范围小，能与其他系统配套使用。

2. 智能装配工站设备组成

智能装配工站由机器人、装配站工作台、两侧夹紧顶起气缸、顶起气缸及直线输送机构组成，如图7-3所示。

1) 机器人的作用是拾取或放置物料。
2) 装配站工作台的作用是为各个机构提供稳定的平面。

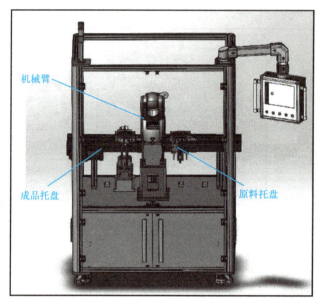

图 7-2 工业机器人装配

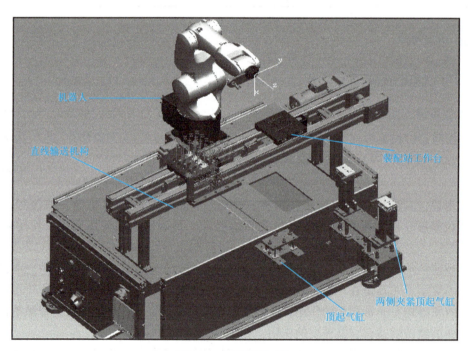

图 7-3 智能装配工站

3）两侧夹紧顶起气缸的作用是夹紧并顶起空托盘。
4）顶起气缸的作用是顶起物料存储托盘，方便机器人拾取物料。
5）直线输送机构的作用是输送托盘。

3. 智能装配工站工艺

装配站用于将不同颜色的物料从物料存储托盘移至空托盘中。当装配站开始运行时，两侧夹紧顶起气缸将空托盘夹紧并顶起，同时顶起气缸将物料存储托盘顶起，机器人开始运动，从

项目 7 智能装配工站仿真

原位移动至物料存储托盘，将指定颜色的物料吸住，抬起后放置到空托盘中，然后机器人恢复至原位，完成不同颜色物料的放置，如图 7-3 所示。

4. 智能装配工站的特点

1）装配站能连续、大批量地放置物料，本项目中的装配站能够实现不同颜色物料移至空托盘的操作。

2）装配站的物料放置操作基本实现无人化。本项目中物料的抓取、放置都不需要人工参与，由产线独立进行，完成不同颜色物料取放任务。

3）装配站中的机器人臂可根据工艺需要配备不同的工具，从而满足多个生产线和小批量生产的要求。产线的快速切换可通过简单的编程和工具更换实现。

7.1.2 智能装配工站的运动分析及仿真方法

智能装配工站的主要执行机构是气缸与机器人，其生产过程几乎完全自动化。

气缸与机器人在生产工作中是常见且应用范围广的机构，例如汽车制造行业、机械制造行业等。

伴随着当前全球范围的经济发展，许多行业对于产品装配的要求不断提高，工业机器人在产品装配中的应用优势如此之多的情况下，必将参与到更多行业的装配流程中，发挥更加有效的作用。以往并不适宜应用机器人装配的行业，例如食品加工行业、药品加工行业等，现在也可以借助工业机器人来满足相应的装配任务需求。

各机器人厂商已经为机器人创建好运动学，方便在 Process Simulate 实现机器人工作的仿真，这些机器人模型可以到西门子官网和机器人厂商官网下载。在 Process Simulate 仿真机器人操作时，可使用已经创建好运动学的机器人，然后为机器人安装工具，最后创建机器人操作并优化机器人路径。

任务实施

完成智能装配工站仿真设计需要两个步骤：①分析装配站的工艺功能；②确保 Process Simulate 中生产线模型完整。

步骤 1：智能装配工站的工艺功能分析

（1）明确需要完成的工作任务

本项目需要在 Process Simulate 中完成智能装配工站的仿真设计。首先分析智能装配工站的工艺功能，然后在 Process Simulate 中完成装配站的运动学和姿态建立、定义设备的工具类型，实现物料从托盘放置到另一个托盘的过程仿真；最后进行 CEE 仿真操作，实现整个智能装配工站的工作流程。

（2）对智能装配工站进行工艺分析

本项目的工艺流程：当装配站开始运行时，两侧夹紧顶起气缸将空托盘夹紧并顶起，同时顶起气缸将物料存储托盘顶起，将两个位置固定好，如图 7-4 所示。

当两个托盘被顶起固定后，机器人由对应的信号加以控

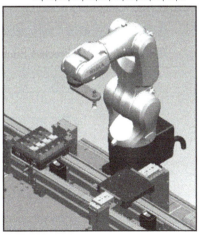

图 7-4 托盘位置固定

制，收到取料信号后开始运动，从原位移动至物料存储托盘，将指定物料吸住，抬起后等待放置信号，如图 7-5 所示。

收到对应的放置信号时，机器人将物料放置到空托盘中，然后恢复至原位，完成不同颜色物料的放置，并等待下一个取料信号，如图 7-6 所示。

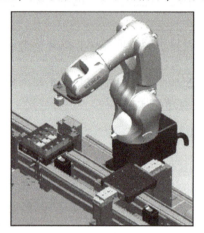

图 7-5 物料的拾取

图 7-6 物料的放置

（3）仿真流程分析

为了验证上述工艺过程，要求在 Process Simulate 中完成智能装配工站的过程仿真，其流程见表 7-2。实施过程中的重点是完成智能装配工站上设备的运动学和姿态创建，保证气缸能展示相应功能；难点是建立机器人操作，需要创建各个移动部位的目标点。

表 7-2 仿真流程

步骤	工作内容	作用
1	模型处理	将模型导入 Process Simulate 并进行处理，搭建工站
2	运动学创建	定义设备的运动方式，比如定义气缸伸出和缩回的直线运动
	姿态创建	定义设备的工作姿态，比如定义气缸伸出和缩回的两个位置
	工具定义	定义设备的工具类型，使其具有相应功能，比如定义为握爪的设备能夹住物体一起移动
3	CEE 仿真操作	创建设备的操作并连接信号，比如创建机器人操作，实现机器人抓握物料

步骤 2：智能装配工站的模型处理

智能装配工站在 Process Simulate 中的模型处理思路如图 7-7 所示。

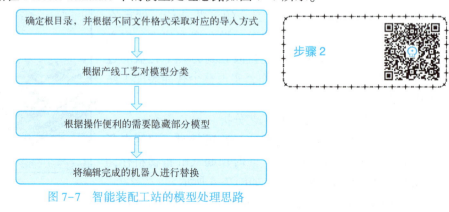

图 7-7 智能装配工站的模型处理思路

(1) 对模型进行导入、分类

1) 模型的导入：

① 将5ZhuangPei.cojt、KR4_R600.cojt及不同颜色与种类的物料文件夹放置到D：\ZTecno\XM7\demo7-1路径下。

② 单击"新建研究"按钮，建立一个新研究。

③ 插入5ZhuangPei.cojt、KR4_R600.cojt和物料文件夹，如图7-8所示。

图7-8　模型导入结果

2) 模型的分类：

① 选择5ZhuangPei、KR4_R600后单击"设置建模范围"按钮。

② 将智能装配工站调整到正确位置，在对象树中选择5ZhuangPei，单击"放置操控器"按钮，绕y轴旋转180°。

③ 观察智能装配工站模型，找出模型上需要拆分的部件，可发现需要分类的资源为两个托盘和两个气缸。在Process Simulate中单击"新建资源"按钮。

④ 本任务中需要创建设备资源。依次建立四个Device资源，分别重命名为qigang1、qigang2、tuopan1、tuopan2，再创建一个Gripper资源。

 小提示：

　　资源类别对模型的使用及后续的仿真没有影响。

⑤ 将需要分类的两个托盘以及两个气缸拖入新建的Device资源，再将吸盘拖入Gripper资源，如图7-9所示。

（2）根据操作便捷程度隐藏部分设备

将对象树中的"_装配-智能装配工站-B"展开，单击左侧蓝色小方框进行隐藏操作，或者选择需要隐藏的设备右击后选择"隐藏"。隐藏效果如图7-10所示。

（3）根据工艺需求替换机器人

因为KR4_R600中机器人运动学已设置完成，

图7-9　分类完成

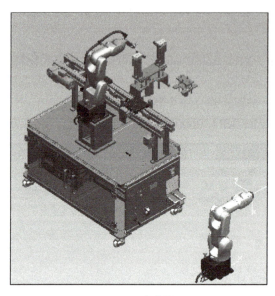

图 7-10　隐藏效果

而 5ZhuangPei 的机器人模型未设置，所以用 KR4_R600 替代原有的机器人。在项目实施过程中，通过替代能减少重复工作，提高效率。

替代的步骤如下。

① 选择智能装配工站中的机器人进行隐藏，在对象树中选择 5ZhuangPei，单击"设置建模范围"按钮，选择"在 2 点之间创建坐标系"，创建装配工站里的机器人底座中心坐标 fr1。

② 调整替换机器人的位置，在对象树中选择 KR4_R600，单击"放置操控器"按钮，绕 z 轴旋转 -90°，使两个机器人朝向一致。

③ 选择"重定位"，"到坐标系"选择 fr1，勾选"保持方向"复选框，单击"应用"按钮后关闭对话框，如图 7-11 所示。

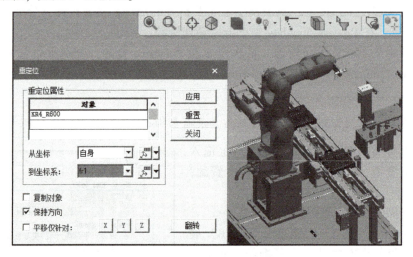

图 7-11　完成机器人的替换

（4）物料的放置

① 在对象树中选择 tuopan1，单击"设置建模范围"按钮。

② 单击"在 2 点之间创建坐标系"，依次创建 16 个方格的中间坐标，如图 7-12 所示。

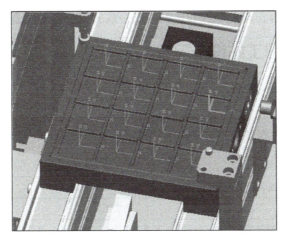

图 7-12 移动坐标至整个托盘

③ 在对象树中选择"蓝色 B1 物料块 V1.01",单击"重定位"按钮,"到坐标系"选择托盘方格内的坐标,单击"应用"按钮后关闭对话框,如图 7-13 所示。

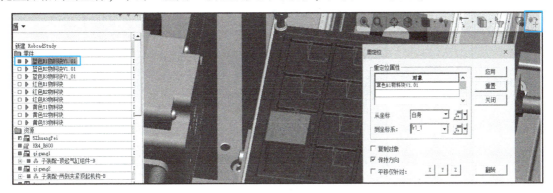

图 7-13 放置物料

④ 依次放置红黄蓝三种颜色的物料,当剩余方格要放置相同物料时,勾选"复制对象"复选框,如图 7-14 所示。

图 7-14 物料放置完成

⑤ 检查模型分类是否正确、零件和机器人是否放置到位，若无误，则本任务已完成。

任务 7.2　智能装配工站设备配置

任务提出

请结合表 7-3 中的内容了解本任务和关键指标。

表 7-3　任务书

任务名称	智能装配工站设备配置	任务来源	企业综合项目
姓　　名		实施时间	
任务描述	某工厂要对智能装配工站进行设计，现需要在 Process Simulate 软件中进行智能装配工站的仿真，实现各组件的功能。要求：首先定义气缸 1 与气缸 2 的运动学；然后创建姿态；最后安装机器人工具。		
关键指标要求	1. 创建运动学与姿态。 2. 安装机器人工具。		

知识准备

7.2.1　智能装配工站设备介绍

智能装配工站由机器人、装配站工作台、两侧夹紧顶起气缸、顶起气缸以及直线输送机构组成。

智能装配工站设备介绍

1. 机器人

工业机器人是广泛用于工业领域的多关节机械手或多自由度机器装置，具有一定的自主性，可依靠自身的动力能源和控制能力实现各种加工制造功能。工业机器人被广泛应用于电子、物流、化工等各个工业领域之中。

随着计算机控制技术的不断进步，工业机器人将能够明白人类的语言，同时工业机器人可以完成产品的组装，让工人免除复杂的操作。工厂采用工业机器人实施生产可以解决很多安全方面的问题，如不熟悉工作流程、工作疏忽、疲劳工作等导致的安全生产隐患。工业机器人如图 7-15 所示。

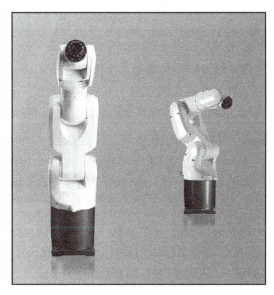

图 7-15　工业机器人

相比于传统的工业设备，工业机器人有众多的优势，比如易用性强、智能化水平高、生产效率及安全性高、易于管理且经济效益显著等，使得它们可以在高危环境下进行作业。

机器人在本任务中的作用是拾取或放置物料至指定位置。

2. 装配站工作台

装配工作台的作用是为各个机构提供稳定的平面和更合理的利用空间，以便存放并保护各种设备，组装简便，强度高，可承受一定重量。

3. 两侧夹紧顶起气缸与顶起气缸

空气在发动机气缸中通过膨胀将热能转化为机械能，在压缩机气缸中受到活塞压缩而提高压力。气缸的应用领域有印刷（张力控制）、半导体（点焊机、芯片研磨）、自动化控制、机器人等。气缸实物图如图 7-16 所示。

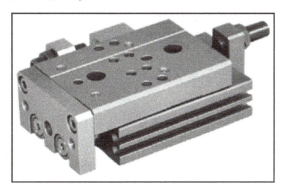

图 7-16　气缸实物图

在本任务中，两侧夹紧顶起气缸的作用是夹紧并顶起空托盘，顶起气缸的作用是顶起物料存储托盘，方便机器人拾取物料。

4. 直线输送机构

直线输送机构的作用是输送托盘。

7.2.2　软件术语及指令应用

本任务中主要使用的软件术语及指令为通过 6 个值创建坐标系、关节依赖关系、安装工具、机器人调整。

1. 通过 6 个值创建坐标系

"通过 6 个值创建坐标系"指令的图标是 ，可在软件"建模"选项卡→"布局"组→"创建坐标系"中找到。通过 6 个值创建坐标系是通过选取一点来创建坐标系，常用于创建圆心坐标，本任务中用于创建托盘侧面孔的圆心坐标。

2. 关节依赖关系

"关节依赖关系"指令的图标是 ，可在软件"建模"选项卡→"运动学设备"组→"运动学编辑器"中找到。关节依赖关系的作用是建立关节依赖性，使握爪同时动作，本任务中用于创建活塞杆所在连杆基于缸体所在连杆进行移动的关节。

3. 安装工具

"安装工具"指令的图标是 ，可在软件"机器人"选项卡→"工具和设备"组中找到。安装工具用于安装机器人工具，本任务中用于安装机器人上的吸盘。

4. 机器人调整

"机器人调整"指令的图标是 ，可在软件"主页"选项卡→"工具"组中找到。机器人调整的作用是通过调整关节、操控 TCPF 或跟随位置来操控机器人，本任务中用于调整机器人的初始位置。

任务实施

完成智能装配工站仿真需要两个步骤：①创建智能装配工站的运动机构及姿态；②安装机器人工具。

步骤 1：创建智能装配工站的运动机构及姿态

运动机构有其确定的运动方式和工作范围，以及相对应的作用，所以在 Process Simulate 中创建智能装配工站运动机构及姿态的思路如图 7-17 所示。

（1）根据设备工艺结构建立运动学关系

1）qigang1 的运动学建立过程如下。

① 在对象树中选择 qigang1 后单击"设置建模范围"按钮。

② 在对象树中选择 qigang1 后单击"运动学编辑器"按钮。

③ 通过"创建连杆"指令创建两个连杆，然后在 lnk1 中选入固定的部分，在 lnk2 中选入可移动部位，再按〈Ctrl〉键选中两个需要建立关节的连杆，使用"创建关节"指令创建 lnk2 基于 lnk1 的关节，"关节类型"为移动，指向与气缸的伸出、缩回一致，如图 7-18 所示。

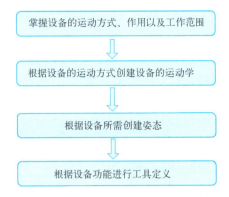

图 7-17　创建智能装配工站运动机构及姿态的思路

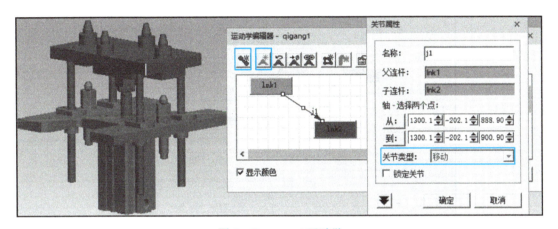

图 7-18　qigang1 运动学

2）qigang2 的运动学建立过程如下。

① 在对象树中选择 qigang2，单击"设置建模范围"后单击"运动学编辑器"。

② 通过"创建连杆"指令创建四个连杆，依次选择气缸的不同部位，如图 7-19 所示。

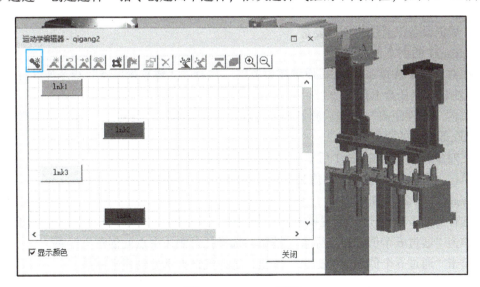

图 7-19　qigang2 连杆

③ 按〈Ctrl〉键选择 lnk1 与 lnk2，使用"创建关节"指令创建 lnk1 与 lnk2 的关节，"关节类型"为移动，指向与气缸的伸出、缩回一致。

④ 用同样方法创建 lnk2 与 lnk3 的关节和 lnk2 至 lnk4 的关节。

⑤ 单击 j3，选择"关节依赖关系"→"关节函数"，选择 j2，在"关节函数"文本框中已有文本后面输入"＊1"，单击"应用"按钮后关闭对话框，如图 7-20 所示。

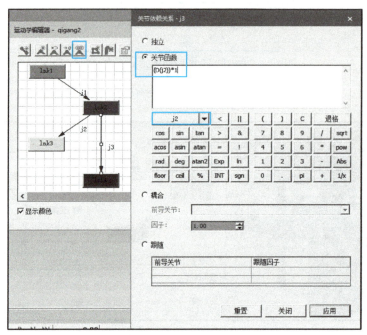

图 7-20　j2 与 j3 关节建立依赖关系

 小提示：

1. 建立两个夹爪的关节依赖关系后，调整一个关节，使 lnk3、lnk4 能同时动作。
2. 当 lnk3 和 lnk4 的移动正方向相同时，关节函数中变为"＊(-1)"。

(2) 根据设备工艺结构创建姿态

1) qigang1 的姿态创建。

① 在对象树中选择 qigang1 后设置建模范围，并通过"放置操控器"指令使气缸沿 y 轴移动 600 至物料存储托盘下部。

② 单击"线性距离"按钮，测量得到托盘上表面与螺钉的距离为 7.25；继续测量得到气缸与托盘底部之间的距离为 17.2。

③ 在对象树中选择 qigang1 后单击"姿态编辑器"按钮。

④ 单击"新建"按钮，移动值为测量值相加 24.45，姿态名称为 shangsheng。

2) qigang2 的姿态创建。

① 选择 qigang2，通过"放置操控器"指令使 qigang2 沿 y 轴移动 600 至空托盘下部。

② 单击"通过 6 个值创建坐标系"按钮，选择托盘侧边中点处创建坐标系。

③ 单击"通过 6 个值创建坐标系"按钮，选择气缸夹爪处创建坐标系。

④ 单击"点到点距离"按钮，测量两坐标系之间 z 方向的距离为 30.1，气缸与托盘侧面之间的距离为 17，如图 7-21 所示。

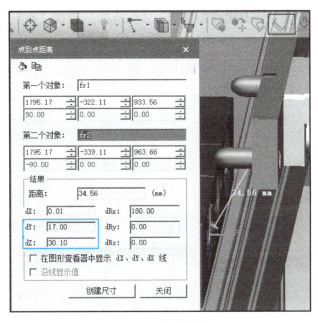

图 7-21 测量距离

⑤ 在对象树中选择 qigang2 后单击"姿态编辑器"按钮。
⑥ 新建一个姿态,j1 值为 30.1,j2 值为 0,姿态名称为 xiajiang。
⑦ 新建一个姿态,j1 值为-30.1,j2 值为 17,姿态名称为 jiajin。
⑧ 新建一个姿态,j1 值为 40,j2 值为 17,姿态名称为 shangsheng。
(3) 气缸的工具定义
1) qigang1 的工具定义。
① 在对象树中选择 qigang1,单击"设置建模范围"按钮,单击"在 2 点之间创建坐标系"按钮,创建坐标系,命名为 tcp,如图 7-22 所示。

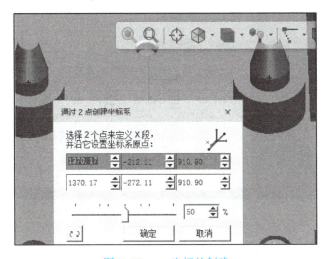

图 7-22 tcp 坐标的创建

② 将 tcp 坐标系拖入 lnk2 中。
③ 单击"在 2 点之间创建坐标系"按钮,坐标系位于气缸固定部分,命名为 base。

④ 选择 qigang1，单击"工具定义"按钮，"工具类"选择"握爪"，设置"TCP 坐标"与"基准坐标"，"抓握实体"选择导向柱，如图 7-23 所示。

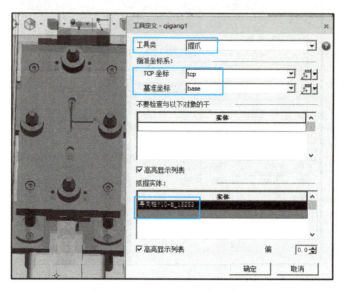

图 7-23 qigang1 工具定义完成

 小提示：

1. 气缸工具定义时需要创建 TCP 以及基准坐标系。
2. 抓握实体为气缸与托盘接触部分的导向柱。

2）qigang2 的工具定义。

① 在对象树中选择 qigang2，单击"设置建模范围"按钮，单击"在 2 点之间创建坐标系"按钮，创建的坐标系重命名为 tcp，如图 7-24 所示。

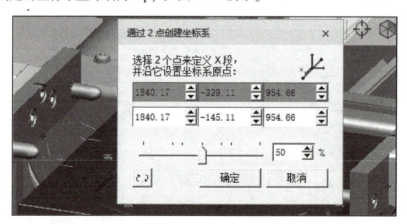

图 7-24 tcp 坐标系的创建

② 将 tcp 坐标系拖入 lnk4 中。

③ 单击"在 2 点之间创建坐标系"按钮，创建的坐标系位于气缸固定部分，重命名为 base。

④ 选择 qigang2，单击"工具定义"按钮，"工具类"选择"握爪"，设置"TCP 坐标"与"基准坐标"，"抓握实体"为四个导向柱，如图 7-25 所示。

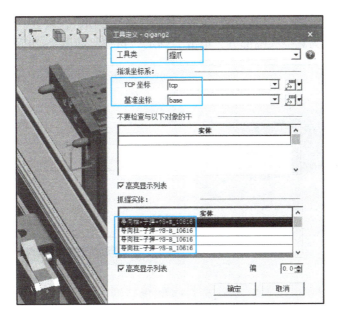

图 7-25　qigang2 工具定义完成

步骤 2：安装机器人工具

安装机器人工具的思路如图 7-26 所示。

（1）工具的定义

① 在对象树中选择 Gripper，单击"设置建模范围"按钮。

② 单击"放置操控器"按钮，使吸盘沿 y 轴移动 -100，方便创建坐标系。

③ 单击"通过 6 个值创建坐标系"按钮，选择吸盘中心位置创建坐标系，重命名为 tcp，如图 7-27 所示。

④ 单击"通过 6 个值创建坐标系"按钮，选择安装位置创建坐标系，单击"确定"按钮后重命名为 base，如图 7-28 所示。

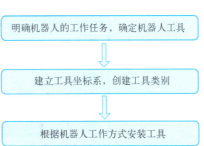

图 7-26　安装机器人工具的思路

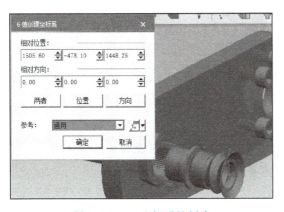

图 7-27　tcp 坐标系的创建

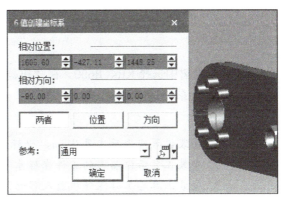

图 7-28　base 坐标系的创建

⑤ 选择 Gripper，选择"工具定义"，"工具类"为"握爪"，设置"TCP 坐标"与"基准坐标"，"抓握实体"为真空吸嘴部分，单击"确定"按钮，如图 7-29 所示。

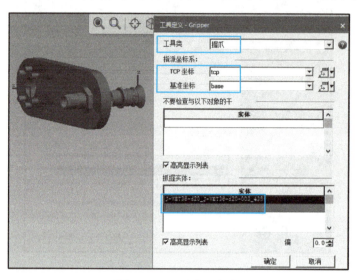

图 7-29　工具定义完成

(2) 工具的安装

① 选择 Gripper 中的 base，单击"放置操控器"按钮，使其绕 z 轴旋转 270°后绕 y 轴旋转 180°，单击"关闭"按钮，如图 7-30 所示。

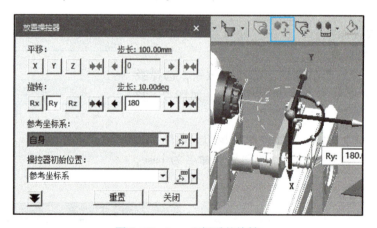

图 7-30　base 坐标系的旋转

② 在对象树中选择 KR4_R600，在"机器人"选项卡中选择"工具安装"，"工具"选择 Gripper，"坐标系"选择 base，单击"应用"按钮后关闭对话框，如图 7-31 所示。

 小提示：

1. 安装设置应用后工具从 base 坐标系重定位到 TOOLFRAME 坐标系。
2. 安装工具后机器人的工件坐标系变为工具的 TCP 坐标系。
3. 安装工具后工具跟随机器人移动。

项目 7　智能装配工站仿真

图 7-31　工具安装完成

任务 7.3　智能装配工站 CEE 仿真

 任务提出

请结合表 7-4 中的内容了解本任务和关键指标。

表 7-4　任务书

任务名称	智能装配工站 CEE 仿真	任务来源	企业综合项目
姓　　名		实施时间	
任务描述	某工厂要对智能装配工站进行虚拟仿真，现需要在 Process Simulate 软件中进行该项工作，完成各组件的控制设置，将装配站的自动化工作过程在软件中展示出来。要求：完成装配站的设备操作信号创建，实现气缸的信号控制；创建机器人操作及信号，完成机器人的信号控制；进行 CEE 仿真，实现装配站的工作流程。		
关键指标要求	1. 气缸 1 能够上升将托盘顶起。 2. 气缸 2 能够下降夹紧托盘后上升。 3. 机器人能够拾取物料并放置。		

 知识准备

7.3.1 智能装配工站的工作流程

当装配站开始运行时，两侧夹紧顶起气缸将空托盘夹紧并顶起，同时顶起气缸将物料存储托盘顶起，将两个位置固定好，如图 7-32 所示。

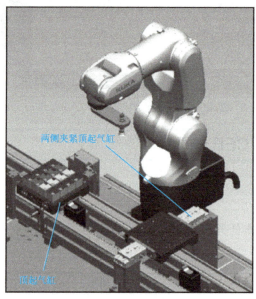

图 7-32 气缸顶起

当两个托盘被顶起固定后，机器人由对应的信号控制进行运动，当收到取料信号后机器人开始运动，从原位移动至物料存储托盘将指定物料吸住，抬起后等待放置信号。

当收到对应的放置信号时，机器人将物料放置到空托盘对应的位置，然后机器人恢复至原位，完成不同颜色物料的放置，并等待下一个取料信号。

7.3.2 CEE 模式

CEE（循环事件模拟器）的英文全称是 Cyclic Event Evaluation，是基于事件的仿真引擎的核心，同时也是仿真的控制中心。对于每一个仿真周期，CEE 会收集并评估信号，判断仿真流。Process Simulate 应用 CEE 时不需要连接任何外部控制设备。

CEE 是循环运行的，因此其基于事件的模拟是一个连续、无限的模拟，单击"播放"按钮时开始，被控制停止模拟时才会结束。在模拟过程中，操作可能会启动多次。模拟可以包括相同过程的循环或过程的不同变化。例如，在第一个循环中，可以从容器 A 中取出零件，而同一过程的第二个循环可以从容器 B 中取出零件。

CEE 需要在生产线仿真模式下运行。

7.3.3 软件术语及指令应用

本任务中主要使用的软件术语及指令为创建逻辑块姿态操作和传感器、物料流查看器、信

号查看器和逻辑资源的函数。

1. 创建逻辑块姿态操作和传感器

"创建逻辑块姿态操作和传感器"指令的图标是 ，可在软件"控件"选项卡→"资源"组中找到。创建逻辑块姿态操作和传感器的作用是创建具有运动学资源的智能组件，智能组件将通过相关内部操作和信号连接来控制设备动作，本任务中用于创建气缸的信号。

软件术语及指令应用

2. 物料流查看器

物料流查看器如图 7-33a 所示，可在软件"视图"选项卡→"屏幕布局"组→"查看器"中找到。物料流查看器的作用是显示消耗零件的操作以及操作之间的物料流链接，本任务中用于显示物料。

3. 信号查看器

信号查看器如图 7-33b 所示，可在软件"视图"选项卡→"屏幕布局"组→"查看器"中找到。信号查看器的作用是查看、新增、修改、删除信号，本任务中用于添加并查看所需的信号。

图 7-33 物料流查看器和信号查看器

4. 逻辑资源的函数

常用的逻辑资源函数有 RE( )、SR( )、RS( )。RE(X)是当 X 从 False 变为 True 的瞬间其值变为 True；SR(X,Y)在 X 为 True 时值一定为 True；RS(X,Y)在 X 为 True、Y 为 False 时值一定为 True。在本任务中，SR( ) 和 RS( ) 函数用于控制机器人的启动信号，RE( ) 函数用于控制零件的生成信号，实现只生成一次物料。

任务实施

完成智能装配工站 CEE 仿真需要三个步骤：①创建智能装配工站中的机器人操作及信号；②创建智能装配工站中的设备操作信号；③创建智能装配工站的 CEE 仿真调试。

步骤 1：创建智能装配工站中的机器人操作及信号

机器人操作及信号的创建思路如图 7-34 所示。

图 7-34 机器人操作及信号的创建思路

(1) 根据设备工艺调整位置

① 在对象树中选择 KR4-R600，单击"设置建模范围"按钮。

② 在"机器人"选项卡中单击"关节调整"按钮，j5 值为 90，j6 值为 -180，作为机器人的初始位置，如图 7-35 所示。

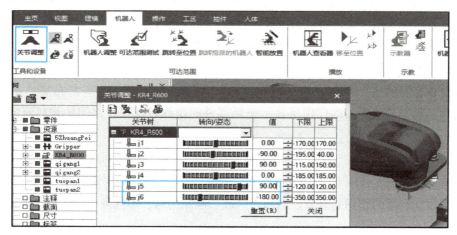

图 7-35　机器人关节调整

 小提示：

1. 将物料放置到抬起的位置，方便创建通用机器人操作，创建完后放置回原位。

2. 机器人返回原点跟机器人去吸取物料的路径点一致时，可通过添加位置的指令选择已有的路径点，快速创建。

(2) 创建和编辑机器人通用操作

1) 创建操作。

① 在操作树中选择"操作"。

② 在菜单中选择"操作"后单击"新建操作"按钮，选择"新建复合操作"后单击"确定"按钮。

③ 在操作树中选择 CompOp，单击"新建操作"按钮，选择"新建通用机器人操作"，依次建立四个操作，分别命名为 qu1、qu2、fang1、fang2，如图 7-36 所示。

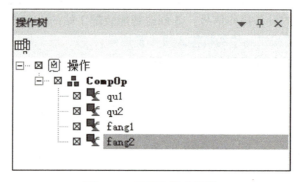

图 7-36　通用机器人操作

2) 取物料 1 (qu1) 的编辑。

① 打开路径编辑器，将 qu1 拖入路径编辑器中，如图 7-37 所示。

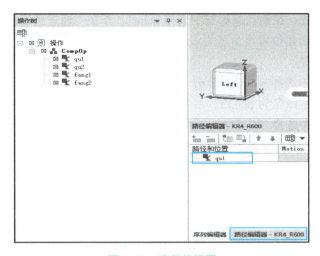

图 7-37 路径编辑器

② 添加初始位置。在路径编辑器中选择 qu1 操作,单击"添加当前位置"按钮,初始位置名称为 via。

③ 添加 point1 位置。在路径编辑器中选择 via,单击"在后面添加位置"按钮,沿 x 轴平移 -30,j6 值改为 0,如图 7-38 所示。双击新建位置重命名为 point1。

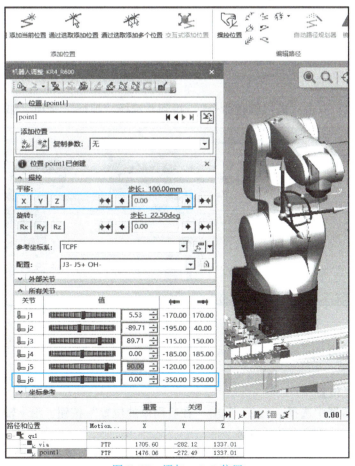

图 7-38 添加 point1 位置

④ 添加 point2 位置。在路径编辑器中选择 point1，单击"通过选取添加位置"按钮，选择 Y1 上方的坐标。双击新建位置重命名为 point2。

⑤ 添加 point3 位置。

A. 在路径编辑器中选择 point2，单击"在前面添加位置"按钮，沿 y 轴平移 40。

B. 双击新建位置重命名为 point3。

C. 在路径编辑器中选择"定制列"，在"常规"中选择"离线编程命令"，拖至右侧显示列中，单击"确定"按钮，如图 7-39 所示。

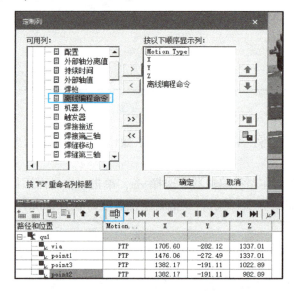

图 7-39　添加"离线编程命令"

D. 选择 point2，双击"离线编程命令"，找到并选择"抓握"选项，如图 7-40 所示。

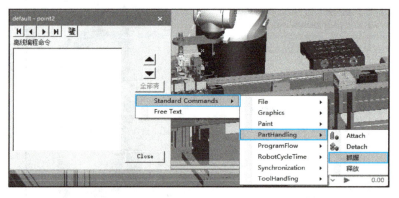

图 7-40　设置抓握

E. 抓握坐标系为 tcp，不勾选"驱动握爪至姿态"，单击"确定"按钮后单击"Close"按钮，如图 7-41 所示。

⑥ 添加 point4 位置。

A. 在路径编辑器中选择 point2，单击"在后面添加位置"按钮，沿 y 轴平移 40。

B. 双击新建位置重命名为 point4。

C. 在路径编辑器中选择 point4，单击"通过选取添加多个位置"按钮，依次选择 point1 与 via 位置的点作为机器人返回点。

D. 双击新建位置重命名为 point5 与 point6。

E. 将 point2～point5 的运动模式改为 LIN，如图 7-42 所示。

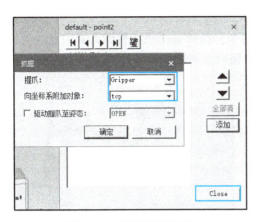

图 7-41 设置抓握完成

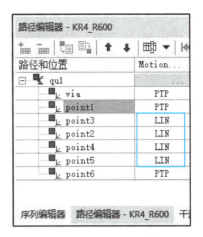

图 7-42 修改运动模式

 小提示：

1. 离线编程命令中需要添加抓握或释放指令，使物料跟随机器人吸盘移动。
2. PTP 模式下，机器人按"点到点轨迹"（最快路径）运动。
3. LIN 模式下，机器人按"线段轨迹"（经过线段上所有点的路径）运动。

3）放物料 1（fang1）的编辑。

① 打开路径编辑器，选择 fang1 拖入路径编辑器中，单击 fang1，选择"添加当前位置"命令。

② 创建两个坐标系，并移动到合适的高度，作为对机器人应用"通过选取添加位置"指令的坐标系，如图 7-43 所示。

③ 在路径编辑器中单击 via1，选择"通过选取添加位置"，选择一个物料放置点，如图 7-44 所示。

图 7-43 创建放置点坐标系

图 7-44 Y1 的放置

④ 选择 via2，双击"离线编程命令"，找到并选择"释放"选项。
⑤ 抓握坐标系为 tcp，不勾选"驱动握爪至姿态"，如图 7-45 所示。
⑥ 单击 via2，选择"在前面添加位置"命令，沿 y 轴移动 40。
⑦ 单击 via2，选择"在后面添加位置"命令，沿 y 轴移动 40。
⑧ 单击 via4，选择"通过选取添加位置"命令，选择 via1 点为机器人返回点。
⑨ 将 via2～via4 的运动模式修改为 LIN，参照以上步骤创建 qu2 与 fang2 的机器人操作，最终的机器人轨迹如图 7-46 所示。

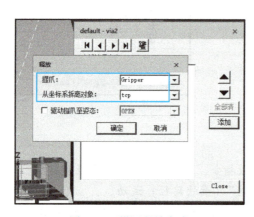

图 7-45　设置释放完成　　　　　　　　图 7-46　机器人轨迹

（3）创建机器人操作信号
① 在对象树中选择 KR4_R600，单击"创建机器人起始信号"按钮，如图 7-47 所示。
② 在信号查看器中查看机器人起始信号，如图 7-48 所示。

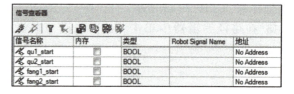

图 7-47　创建机器人起始信号　　　　　图 7-48　机器人起始信号

步骤 2：创建智能装配工站中的设备操作信号
创建设备操作信号的思路如图 7-49 所示。
（1）创建气缸信号
① 在对象树中选择 qigang1，单击"设置建模范围"按钮。
② 在"控件"选项卡中单击"创建逻辑块姿态操作和传感器"按钮，勾选 shangsheng，勾选"创建并连接信号"，单击"确定"按钮，如图 7-50 所示。

③ 在对象树中选择 qigang2，单击"设置建模范围"按钮。
④ 在"控件"选项卡中单击"创建逻辑块姿态操作和传感器"按钮，勾选 xiajiang、jiajin、shangsheng，勾选"创建并连接信号"，单击"确定"按钮。

（2）设置气缸操作信号
① 在对象树中选择 qigang1，单击"编辑逻辑资源"按钮，在"操作"中添加抓握，将

"入口"中的 rmtp_shangsheng 拖入"值表达式"中,单击"确定"按钮,如图 7-51 所示。

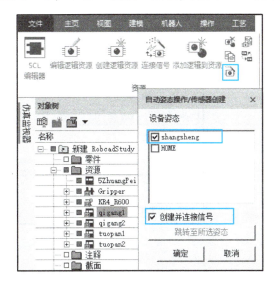

图 7-49 创建设备操作信号的思路　　图 7-50 创建逻辑块姿态操作和传感器

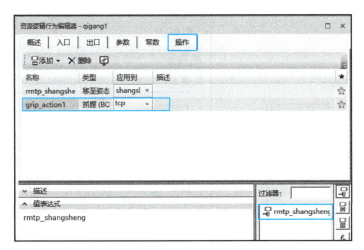

图 7-51 创建 qigang1 的逻辑资源

② 在对象树中选择 qigang2,单击"编辑逻辑资源"按钮,在"操作"中添加两个抓握,将"入口"中的 rmtp_jiajin 与 rmtp_shangsheng 分别拖入"值表达式"中,如图 7-52 所示。

小提示:

1. 添加抓握操作应用到的坐标系均为 tcp。
2. 两侧夹紧顶起气缸在抓握托盘时,在夹紧以及上升操作中均需要添加抓握操作。

(3) 根据工艺需求创建非仿真操作

① 在操作树中选择 ComOp,单击"新建非仿真操作"按钮,创建两个非仿真操作并命名为 wuliao、Op,如图 7-53 所示。

② 打开序列编辑器,将 wuliao 拖入其中,右击后选择"显示事件",将物料全选,如图 7-54 所示。

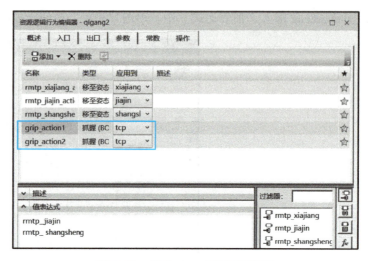

图 7-52 创建 qigang2 的逻辑资源

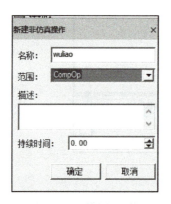

图 7-53 创建非仿真操作

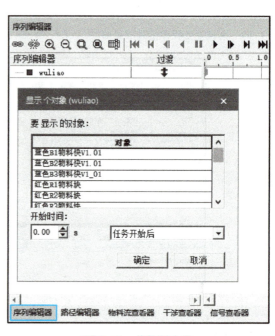

图 7-54 将物料全选

③ 选择 wuliao，右击后选择"附加事件"，将物料全选，"到对象"选为 tuopan1，单击"确定"按钮，完成操作后将对象树中的模型结束建模并保存。

④ 在"主页"选项卡中将模式切换为"生产线仿真模式"。

⑤ 在"主页"选项卡中选择"查看器"，单击"物料流查看器"按钮。

⑥ 将操作树中的 wuliao 与 Op 拖入物料编辑器中，单击"新建物料流链接"按钮，如图 7-55 所示。

⑦ 继续新建五个"非仿真操作"，分别重命名为 start、startqu1、startfang1、startqu2、startfang2，并右击 wuliao 选择"生成外观"，将物料显示出来。

⑧ 打开序列编辑器，选择 start 至 Op，单击"链接"按钮，如图 7-56 所示。

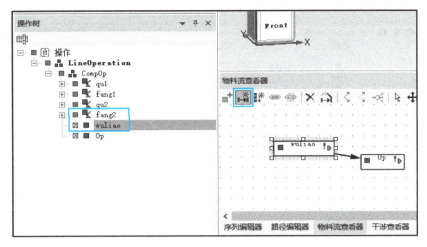

图 7-55 新建物料流链接

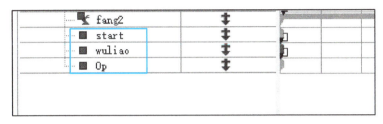

图 7-56 物料链接

⑨ 选择 wuliao 与 Op，单击"创建非仿真起始信号"按钮，如图 7-57 所示。

（4）根据设备工作方式编辑过渡条件

① 在序列编辑器中选择"定制列"，将"过渡"拖入显示列中，单击"确定"按钮，如图 7-58 所示。

图 7-57 创建非仿真起始信号

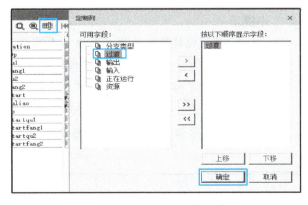

图 7-58 显示"过渡"列

② 双击 start 后的"过渡"按钮，单击"编辑条件"按钮，编辑 wuliao 中的公共条件，输入 wuliao_start，单击"确定"按钮，如图 7-59 所示。

③ 双击 wuliao 后的"过渡"按钮，单击"编辑条件"按钮，编辑 Op 中的公共条件，输入 0，单击"确定"按钮。

④ 将 qu、fang 操作进行链接，结果如图 7-60 所示。

图 7-59　wuliao 过渡编辑

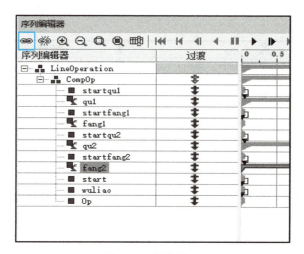

图 7-60　链接结果

> **小提示：**
> 1. 序列编辑器中的第一个操作无法修改公共条件，会一直触发，这是软件默认设置，所以必须有一个无用的操作来链接需要用到的操作，以避免这种情况。
> 2. 双击"过渡"打开的界面是链接的下一个操作的公共条件。
> 3. CEE 模式下，操作是否执行由该操作的公共条件决定，公共条件为 1 则执行。

⑤ 参照以上步骤，将 qu 与 fang 操作进行过渡编辑，对应关系见表 7-5。

表 7-5　过渡编辑对应关系

操　作	公共条件
qu1	qu1_start
fang1	fang1_start
qu2	qu2_start
fang2	fang2_start
wuliao	wuliao_start
Op	0

步骤3：创建智能装配工站的 CEE 仿真调试

智能装配工站 CEE 仿真调试的思路如图 7-61 所示。

（1）根据工艺需求建立逻辑资源信号

① 单击"创建逻辑资源"按钮，在"入口"中添加一个 BOOL 类型信号，命名为"生成外观"，并选择"创建信号"→input，创建一个连接信号，如图 7-62 所示。

② 在"入口"中继续添加七个 BOOL 类型信号，如图 7-63 所示。

③ 在"出口"中添加 BOOL 类型信号，命名为"外观生成"，"连接的信号"选择信号查看器中的 wuliao_start，在"值表达式"中输入"RE(生成外观)"，单击"确定"按钮，如图 7-64 所示。

④ 在"出口"中继续添加七个 BOOL 类型信号，命名与连接信号如图 7-65 所示。命名与对应的连接信号见表 7-6。

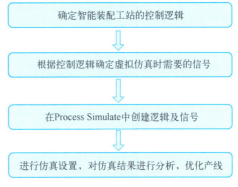

图 7-61　智能装配工站 CEE 仿真调试的思路

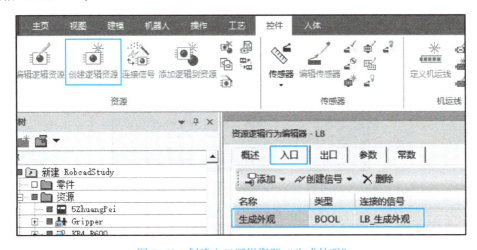

图 7-62　创建入口逻辑资源"生成外观"

图 7-63　创建七个入口逻辑资源

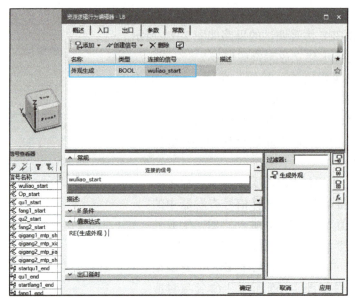

图 7-64　创建出口逻辑资源"外观生成"

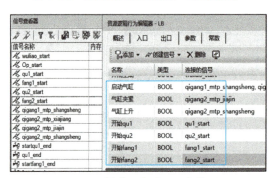

图 7-65　创建七个出口逻辑资源

表 7-6　逻辑资源出入口对应关系

	名　称	连接的信号	值表达式
入口	生成外观	LB_生成外观	
	气缸在上升	qigang2_at_shangsheng	
	气缸在夹紧	qigang2_at_jiajin	
	气缸在下降	qigang2_at_xiajiang	
	qu1	LB_qu1	
	qu2	LB_qu2	
	fang1	LB_fang1	
	fang2	LB_fang2	
出口	外观生成	wuliao_start	RE（生成外观）
	启动气缸	qigang1_mtp_shangsheng, qigang2_mtp_xiajiang	SR（RE（生成外观），气缸在下降）
	气缸夹紧	qigang2_mtp_jiajin	SR（气缸在下降，气缸在夹紧）
	气缸上升	qigang2_mtp_shangsheng	SR（气缸在夹紧，气缸在上升）
	开始 qu1	qu1_start	RE（qu1）
	开始 qu2	qu2_start	RE（qu2）
	开始 fang1	fang1_start	RE（fang1）
	开始 fang2	fang2_start	RE（fang2）

职业素养

沟通交流是职场中非常重要的一种能力。在工作过程中，需要向合作单位传达需求，沟通合作细节；需要与同事交流工作内容，共同推进工作；需要向上级汇报工作的完成情况等。本次任务主要是装配站的信号创建，目的是为 CEE 仿真做准备。有了信号，设备和设备之间就建立了联系，生产线就能实现自动运行，生产任务得以完成。

（2）进行 Process Simulate 端仿真设置

① 在空白处右击，选择"选项"，在 PLC 页中勾选 CEE。

② 单击"控件"选项卡中的"仿真面板"按钮，在信号查看器中选择输入信号，添加至仿真面板中，如图 7-66 所示。

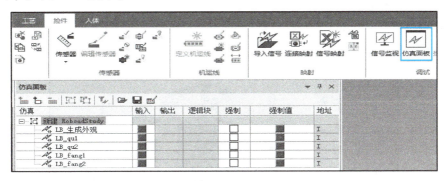

图 7-66　仿真面板

（3）运行 Process Simulate 并改变信号状态实现仿真

① 单击序列编辑器中的"播放"按钮，开启仿真，如图 7-67 所示。

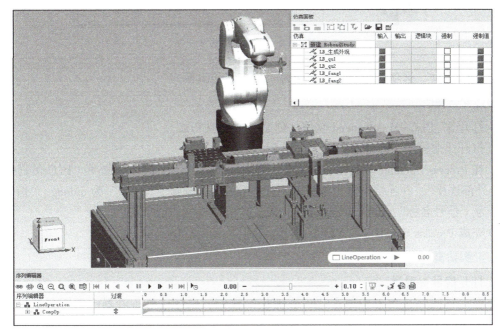

图 7-67　开启仿真

② 在仿真面板中强制修改信号值，检查 Process Simulate 中其他信号值是否跟随变化、对应的操作是否执行、工作过程是否正确。

③ 保存文件，完成智能装配工站的仿真任务。

项目拓展　多机器人协同工作仿真

项目拓展

Process Simulate 软件除了支持对智能装配工站的机器人仿真外，还支持多机器人同工位协同工作，并支持对机器人进行装配、包装、搬运等多种主要工艺流程仿真。这里对多机器人协同配合包装的案例进行讲解。

1. 模型打开

① 使用压缩软件解压 demo7-4.pszx 模型文件。

② 设置软件根目录为 D:\ZTecno\XM7\demo7-4\Library，并确保 cojt 文件在该路径下。打开 psz 文件，机器人包装产线如图 7-68 所示。

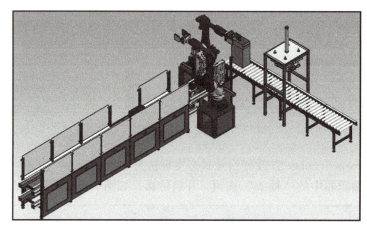

图 7-68　机器人包装产线

③ 在"主页"选项卡中将模式切换为"生产线仿真模式"。

2. 连接信号

① 打开 S7_PLCSIM Advanced 软件，创建一个虚拟 PLC。

② 打开博途程序，将博途程序下载到 PLCSIM 中。

③ 在 Process Simulate 软件空白处右击，选择"选项"，在 PLC 栏选择"PLC 仿真模式"，选择"外部连接"，在连接设置中添加 PLCSIM Advanced 连接，"名称"为 qidong，"信号映射方式"为"信号名称"，如图 7-69 所示。

④ 完成 Process Simulate 与 PLC 的连接。

3. 虚拟仿真

① 打开信号查看器。

② 在"视图"选项卡中单击"仿真面板"按钮，选择信号查看器中的所有信号，单击"添加信号到查看器"按钮。

③ 打开序列编辑器，单击"播放"按钮，在仿真面板中找到并单击 qidong 信号，如图 7-70 所示，产线开始运行。

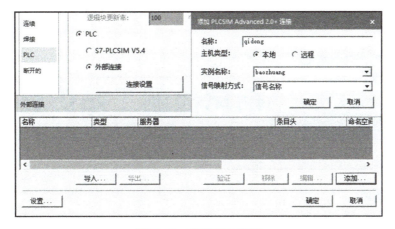

图 7-69 进行 PLC 连接

图 7-70 仿真启动

练习题

1. RE(Y)、SR(X,Y)、RS(X,Y)什么情况下值一定为 True？
2. Process Simulate 的逻辑资源 LB 的入口和出口能连接哪些变量类型？
3. CEE 仿真模式的优点有哪些？
4.（实操题）基于任务 7.2 完成的仿真模型，在 Process Simulate 中手动控制气缸的伸出和缩回。

项目 8　视觉检测工站仿真

项目描述

视觉检测工站是自动化生产线中常用的装置,通过 Process Simulate 软件的内部逻辑可以仿真视觉检测工站的工作流程。本项目重点介绍了创建多段线、定义机运线控制点、传感器的建立、新建操作、创建信号、虚拟 PLC 的连接等。通过本项目的学习和训练,读者能够仿真非标自动化设备的动作,设计设备的逻辑关系,实现视觉检测工站的虚拟仿真,视觉检测工站如图 8-1 所示。

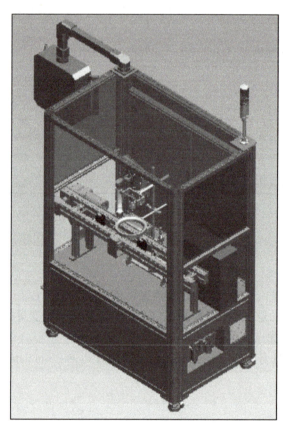

图 8-1　视觉检测工站

项目 8　视觉检测工站仿真

 技能证书要求

对应的 1+X 生产线数字化仿真应用证书技能点	
2.1.1	能够根据生产线的布局要求，设置设备坐标、工具坐标、物流坐标的位置参数
4.1.4	能够根据生产线控制要求，分配信号地址、定义信号类型
4.1.6	能够根据信号映射的要求，将仿真 PLC 与仿真软件之间的通信采用虚拟方式进行连接
4.2.6	能够根据生产线的工艺仿真结果，优化参数、调试虚拟设备，验证其是否满足生产工艺
4.3.1	能够根据工作过程，对任务实施的过程与结果进行介绍与展示

 学习目标

- 掌握视觉检测工站模型导入的方法，并能导入视觉检测工站的模型。
- 掌握视觉检测工站创建模型的方法，并能定义正确的模型位置。
- 掌握视觉检测工站传送带的定义方法，并能创建传送带的操作。
- 掌握视觉检测工站创建信号的方法，并能创建视觉检测工站的仿真信号。
- 掌握虚拟 PLC 控制视觉检测工站的方法，并能实现视觉检测工站的虚拟仿真。
- 通过虚拟调试，养成安全规范的职业素养。

学习导图

任务 8.1　视觉检测工站认知

 任务提出

请结合表 8-1 中的内容了解本任务和关键指标。

表 8-1 任务书

任务名称	视觉检测工站认知	任务来源	企业综合项目
姓　　名		实施时间	
任务描述	某工厂要对视觉检测工站进行仿真设计，现需要分析智能检测工站的工艺流程，并将模型导入 Process Simulate 中进行处理。请根据本任务中 Process Simulate 软件相关命令的学习，对任务进行分析，选择合适的方式完成模型处理。 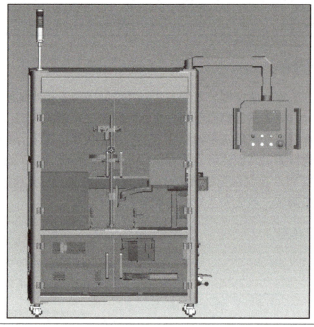		
关键指标要求	1. 视觉检测工站的模型导入。 2. 建立的模型能反映视觉检测范围。		

 知识准备

8.1.1 视觉检测工站介绍

1. 视觉检测

视觉检测就是用机器代替人眼来做测量和判断。一般视觉检测系统由相机、镜头、光源组合而成，是指通过机器视觉产品将被摄取目标转换成图像信号，传送给专用的视觉处理系统，将像素分布和亮度、颜色等信息，转变成数字化信号，视觉处理系统对这些信号进行各种运算来抽取目标的特征，进而根据判别的结果来控制现场的设备动作，是用于生产、装配或包装的有效机制。

视觉检测工站介绍

视觉检测在本任务中主要用于对物料信息的读取，当物料经输送线运送至相机下面时，阻挡气缸会挡住托盘，再由相机对物料进行拍照，上传至视觉处理系统，对物料上的二维码信息进行读取，显示屏上显示对比信息，以便及时了解产品信息，如图 8-2 所示。

视觉检测在检测缺陷和防止缺陷产品被配送到消费者的功能方面具有不可估量的价值，可以代替人工完成条码字符、裂痕、包装、表面图层是否完整、凹陷等的检测。使用视觉检测系统能有效提高生产流水线的检测速度和精度，大大提高产量和质量，降低人工成本，同时防止因为人眼疲劳而产生的误判,在汽车制造、药品成色判断、纺织颜料挑选等工业场景中已成熟运用。

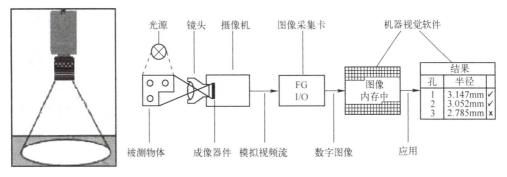

图 8-2 视觉检测原理

2. 视觉检测工站的设备组成

视觉检测工站由视觉检测工作台、相机、传送带、阻挡气缸和传感器组成。
1) 视觉检测工作台的作用是为各个机构提供稳定的平面。
2) 相机的作用是检测托盘上的物料,在本项目中需要仿真其检测范围。
3) 传送带的作用是将托盘输送到检测位,在检测完成后输送离开。
4) 阻挡气缸的作用是阻挡和放行托盘,使托盘有规律地输送。
5) 传感器的作用是识别托盘是否到位,其识别结果作为判断是否放行的依据。

3. 视觉检测工站的工艺流程

视觉检测工站用于对托盘上的物料进行检测。当检测站开始运行时,传送带将托盘进行输送,阻挡气缸 1、2、3 都处于升起状态。当传感器检测到有托盘且前方传感器无信号时,阻挡气缸 1 放行托盘,托盘到达检测位时进行检测,检测完且前方传感器无信号时阻挡气缸放行,托盘离开。阻挡气缸 2 挡住托盘时,阻挡气缸 1 也会挡住托盘不放行,直到阻挡气缸 2 放行之后阻挡气缸 1 才放行,如图 8-3 所示。

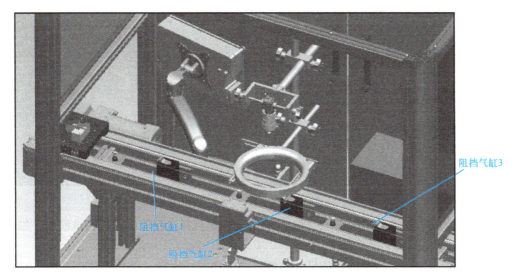

图 8-3 视觉检测工站的阻挡气缸

8.1.2 视觉检测工站的运动分析及仿真方法

在 Process Simulate 中，视觉检测工站用于仿真视觉检测的范围，同时检验传送带跟传感器的配合是否正确，能用 PLC 程序控制工站进行工作。

视觉检测工站的主要执行机构有传送带与阻挡气缸，其生产过程几乎完全自动化。

本项目中主要实现传送带的仿真，需要先将传送带设置为建模范围，创建符合传送带的输送直线，然后定义传送带为机运线，并设置机运线的控制点和生成滑橇，就实现了输送线的设置，输送线就能仿真托盘的生成、输送和停止。

任务实施

完成视觉检测工站认知需要两个步骤：①分析视觉检测工站的工艺功能；②确保 Process Simulate 中生产线模型完整，创建相机的检测范围模型。

步骤 1：视觉检测工站的工艺功能分析

（1）明确需要完成的工作任务

本项目需要在 Process Simulate 中完成视觉检测工站的仿真设计。首先，分析智能装配工站的工艺功能；然后，在 Process Simulate 中完成视觉检测工站相机检测范围、阻挡气缸、传感器的创建和传送带的定义；最后，进行 PLC 仿真操作，实现整个视觉检测工站的工作流程。

（2）对视觉检测工站进行工艺流程分析

本项目的工艺流程：当检测站开始运行时，托盘从起点出现，沿传送带进行输送，如图 8-4 所示。

托盘到达第一个阻挡气缸时，如果第二个传感器无信号，则第一个阻挡气缸放行，如图 8-5 所示。

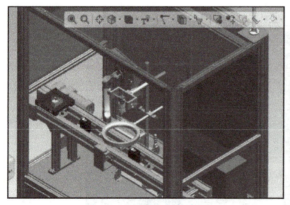
图 8-4 工艺流程状态 1

图 8-5 工艺流程状态 2

托盘到达第二个阻挡气缸时停下，第二个传感器检测到托盘到位后触发相机检测，如图 8-6 所示。

检测结束后，第三个传感器无信号，则第二个阻挡气缸放行，托盘传送到末端，如图 8-7 所示。

（3）项目实施的流程分析

本项目要求在 Process Simulate 中完成视觉检测工站的过程仿真，其实施流程见表 8-2，实施过程中的重点是完成视觉检测工站上相机的检测范围设置，保证相机在正确位置检测；难点是机运线控制点的建立，使托盘在相应位置停止。

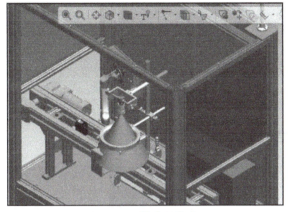

图 8-6　工艺流程状态 3

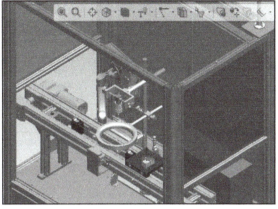

图 8-7　工艺流程状态 4

表 8-2　项目实施流程

步骤	工作内容	作　用
1	模型处理	将模型导入 Process Simulate 并进行处理，用于后续仿真
2	滑橇和传感器创建	建立滑橇和传感器，实现托盘的出现和传感器检测
	机运线创建	使传送带能输送托盘，并控制托盘的生成和运动
3	创建信号	定义设备的信号使其具有相应功能，用信号创建相关操作
	虚拟调试	连接 PLC，实现 PLC 信号控制工站运行

步骤 2：视觉检测工站的模型处理

视觉检测工站的模型处理思路如图 8-8 所示。

（1）对模型进行导入、分类

1）模型的导入。

① 将 XM8-1.pzs 用压缩包的方式打开，并且再次解压 Library.zip 到当前文件夹，将模型文件放到 D:\ZTecno\XM8\demo8-1 路径下。

② 打开 Process Simulate，将软件的根目录设置为 D:\ZTecno\XM8\demo8-1。

③ 以标准模式打开 XM8-1.psz，如图 8-9 所示。

2）模型的分类。

① 选择 JianCe 后单击"设置建模范围"按钮。

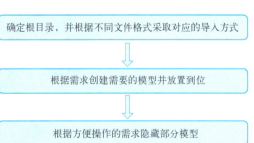

图 8-8　视觉检测工站的模型处理思路

② 观察视觉检测工站模型，需要创建实体来仿真相机的检测范围。由于检测范围不需要运动学，故将检测范围的模型设为零件。在 Process Simulate 中单击"新建零件"按钮。

③ 选择节点类型 PartPrototype 后，单击"确定"按钮，建立一个 PartPrototype 零件，重

命名为XJ。

④ 在对象树中选择XJ进行"设置建模范围"操作，在几何体的"实体"中选择"创建圆锥体"，设置如图8-10所示。

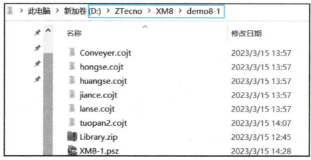

图8-9　根目录

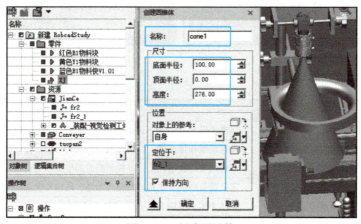

图8-10　创建圆锥体

（2）根据操作便捷程度隐藏部分设备

在对象树中单击左侧蓝色小方框将模型隐藏，或者选择需要隐藏的设备右击后选择"隐藏"。隐藏效果如图8-11所示。

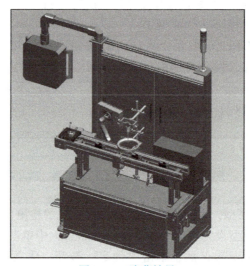

图8-11　隐藏效果

项目 8 视觉检测工站仿真   203

任务 8.2 视觉检测工站设备配置

 任务提出

请结合表 8-3 中的内容了解本任务和关键指标。

表 8-3 任务书

任务名称	视觉检测工站设备配置	任务来源	企业综合项目
姓　　名		实施时间	
任务描述	某工厂要对视觉检测工站进行仿真设计，现需要在 Process Simulate 软件中进行该项工作，实现各组件的功能。要求：首先，创建滑橇和传感器；然后，创建机运线并设置控制点。		
关键指标要求	1. 滑橇创建正确。 2. 传感器创建正确且摆放到位。 3. 传送带定义正确。		

 知识准备

8.2.1 视觉检测工站设备介绍

视觉检测工站由视觉检测工作台、相机、传送带、阻挡气缸和传感器组成，如图 8-12 所示。

> 视觉检测工站设备介绍

1. 视觉检测工作台

视觉检测工作台的作用是为各个机构提供稳定的平面，更合理地利用空间，存放并保护各种设备，应组装简便，强度高，可承受其额定重量。

2. 相机

工业相机又称工业摄像机，相比于传统的民用相机（摄像机）而言，它具有高的图像稳定性、传输能力和抗干扰能力等，市面上的工业相机大多是基于 CCD（Charge Coupled Device）或 CMOS（Complementary Metal Oxide Semiconductor）芯片的相机。

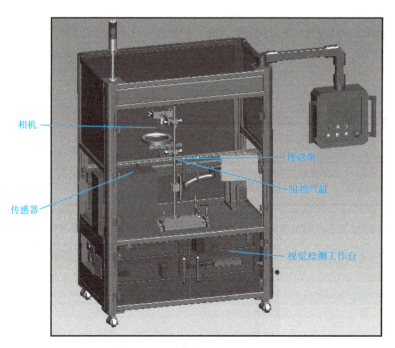

图 8-12　视觉检测工站

CCD 集光电转换及电荷存储、电荷转移、信号读取于一体，是典型的固体成像器件。CCD 的突出特点是以电荷作为信号，而其他器件是以电流或者电压为信号。这类成像器件通过光电转换形成电荷包，而后在驱动脉冲的作用下转移、放大输出图像信号。典型的 CCD 由光学镜头、时序及同步信号发生器、垂直驱动器、模拟/数字信号处理电路组成。CCD 作为一种功能器件，与真空管相比，具有无灼伤、无滞后、低电压工作、低功耗等优点，实物如图 8-13 所示。

图 8-13　CCD 实物

CMOS 图像传感器的开发最早出现在 20 世纪 70 年代初，20 世纪 90 年代初期，随着超大规模集成电路（VLSI）制造工艺的发展，CMOS 图像传感器得到迅速发展。CMOS 图像传感器将光敏元阵列、图像信号放大器、信号读取电路、模数转换电路、图像信号处理器及控制器集成在一块芯片上，还具有局部像素编程随机访问的优点。CMOS 图像传感器以其良好的集成性、低功耗、高速传输和宽动态范围等特点在高分辨率和高速场合得到了广泛的应用。

本项目中相机的作用是检测托盘上的物料，需要仿真其检测范围。

3. 传送带

传送带的原理是物体放上传送带后，相对传送带滑动，受滑动摩擦力而加速，直到速度增加到与传送带相同后，与传送带相对静止，以传送带的速度保持匀速运动。传送带为封闭环形，用张紧装置张紧，在电动机的驱动下，靠传送带与驱动滚筒之间的摩擦力使传送带连续运转，从而达到将物体由装载端运到卸载端的目的。

传送带也广泛用于家电、电子、机械、印刷、食品等各行各业，用于组装、检测、包装及运输等过程。可以根据工艺要求选用普通连续运行、节拍运行、变速运行等多种控制方式，也可选用直线、斜坡、拐弯等形式，通常称之为皮带线、流水线、输送线等。

传送带一般按有无牵引件来进行分类，即具有牵引件的传送带和没有牵引件的传送带。具有牵引件的传送带主要有带式输送机、板式输送机、小车式输送机、自动扶梯、自动人行道、刮板输送机、斗式输送机、悬挂输送机和架空索道等；没有牵引件的传送带常见的有螺旋输送机等。

传送带在本项目中的作用是输送托盘，将托盘输送到检测位，检测完成后输送离开。

4. 阻挡气缸

传送带会同时运行多个物体，这时就需要在传送带上安装阻挡气缸，来控制传送带上物体的止动，所以阻挡气缸也叫止动气缸，如图8-14所示。

阻挡气缸是为自动化运输系统而研发的设备，能便捷、可靠地操纵托盘及物品的输送及间断。阻挡气缸配有缓存设备，能缓解对托盘或自身的冲击性。

阻挡气缸的原理是，当压缩空气通过控制阀进入气缸上部，使活塞带动挡杆下降，将挡住的托盘放行。当控制阀放气时，活塞在弹簧作用下复位，使下一个托盘被挡住。在选用和安装阻挡气缸时，要保证挡板缩回时物体能正常通过，避免缸体部分挡到物体，如图8-15所示。

图8-14 阻挡气缸

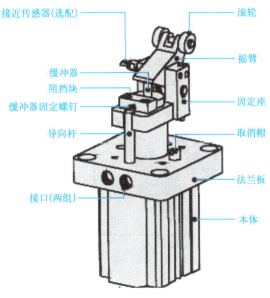

图8-15 阻挡气缸结构示意图

本项目中阻挡气缸的作用是阻挡和放行托盘，使托盘有规律地输送。

5. 传感器

工业中常用的传感器有光纤传感器、液位传感器、压力传感器以及湿度传感器等。

光纤传感器是一种应用光电信号转换的检测元件，相比光电开关而言，它通常能检测更小的目标物，检测距离更远、精度更高。所以，光纤传感器通常应用于更为精准的检测场合和步进、伺服系统的定位反馈装置中。

液位传感器用于检测液体、粉末和颗粒状物质的液位。许多行业，包括石油制造、水处理、饮料和食品制造工厂都使用液位传感器。废物管理系统是一个常见的应用案例，因为液位传感器可以检测垃圾桶或垃圾箱中的废物水平。

压力传感器是工业实践中最为常用的一种传感器，通常使用的压力传感器是利用压电效应制造而成的，这样的传感器也称为压电传感器。压电传感器主要应用在加速度和力等的测量中。压电式加速度传感器是一种常用的加速度计，它具有结构简单、体积小、重量轻、使用寿命长等优点。

湿度传感器用于测量空气或其他气体中的水蒸气量，常见于工业和住宅领域的加热、通风和空调（HVAC）系统。它们也应用于许多其他领域，包括医院和气象站等。

电感传感器利用线圈自感或互感系数的变化来实现非电量测量。利用电感传感器能对位移、压力、振动、应变、流量等参数进行测量。在智能检测生产线中安装于传送带中间，可用于检测托盘是否到位。

磁性传感器：当金属物体接近开关的感应区域时，能够无接触、无压力、无火花地迅速发出电气指令，准确反映出运动机构的位置和行程，即用于一般的行程控制，在智能检测生产线中安装在气缸上，可用于检测气缸的状态。

槽形光电传感器是把一个光发射器和一个光接收器面对面地装在一个槽的两侧组成槽形光电。光发射器能发出红外光或可见光，在无阻情况下光接收器能收到光。但当被检测物体从槽中通过时，光被遮挡，光电开关便动作，输出一个开关控制信号，切断或接通负载电流，从而完成一次控制动作。其检测距离因为受整体结构的限制一般只有几厘米。在智能检测生产线上它安装在伺服轴的左右两侧。最后三种传感器如图8-16所示。

a) 电感传感器　　　　　　b) 磁性传感器　　　　　　c) 槽形光电传感器

图 8-16　传感器

在传感器的使用上，要根据现场环境进行选择。各类传感器应安装在能正确反映其性能、便于调试和维护的位置。同时传感器不能阻碍其他设备的运行。

本项目中需要检测托盘是否到位，且托盘上有相应的金属件，所以选用电感传感器进行检测。其作用是识别托盘到位，将识别结果作为判断是否放行的依据，所以安装在每个阻挡气缸的前面，并且低于传送带，使托盘能正常通过。

8.2.2 软件术语及指令应用

本任务中主要使用的软件术语及指令为定义为概念滑橇、定义机运线、创建多段线、创建光电传感器和控制点。

软件术语及指令应用

1. 定义为概念滑橇

"定义为概念滑橇"指令的图标是 ，可在软件"控件"选项卡→"机运线"中找到。定义为概念滑橇的作用是将资源定义为滑橇，因为定义为滑橇的资源才能被机运线输送，并且滑橇能够抓握模型。在本任务中它用于将托盘定义为滑橇，带动物料跟随传送带移动。

2. 定义机运线

"定义机运线"指令的图标是 ，可在软件"控件"选项卡→"机运线"中找到。定义机运线的作用是将资源定义为机运线，实现输送的功能。定义机运线时需要选择线条。在本任务中它用于将传送带定义为机运线，以便输送托盘。

3. 创建多段线

"创建多段线"指令的图标是 ，可在软件"建模"选项卡→"几何体"→"曲线"中找到。创建多段线的作用是通过选取坐标系来创建线条，在本任务中用于创建定义机运线时所需的线条。

4. 创建光电传感器

"创建光电传感器"指令的图标是 ，可在软件"控件"选项卡→"传感器"中找到。创建光电传感器的作用是检测对象何时穿过从传感器"发射"的已定义光束的路径，创建完成后会生成一个圆柱和一条直线。在本任务中它用于检测托盘是否到位。

5. 控制点

"控制点"指令的图标是 ，可在软件"控件"选项卡→"机运线"→"定义机运线"中找到。控制点的作用是定义机运线界面的一个指令，用于创建机运线上的停止点和滑橇的生成点，在本任务中用于创建托盘的停止点，使托盘能被阻挡气缸拦住，同时创建托盘的生成，实现不断生成托盘。

任务实施

完成智能装配工站的设备配置需要两个步骤：①创建视觉检测工站的滑橇和传感器；②创建视觉检测工站的传送带。

步骤1：创建视觉检测工站的滑橇和传感器

在 Process Simulate 中创建视觉检测工站滑橇和传感器的思路如图 8-17 所示。

（1）根据设备工艺结构建立滑橇关系

在 Conveyer 中建立滑橇。

① 选择托盘后单击"设置建模范围"按钮。

② 选择托盘后单击"定义为概念滑橇"按钮。

图 8-17 创建滑橇和传感器的思路

③ 在"对象附加到的曲面实体"中选入与物料接触的部分，如图 8-18 所示。

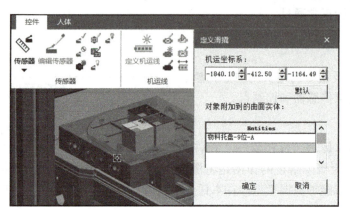

步骤 1

图 8-18　定义滑橇

 小提示：
　　在 Process Simulate 中，光电传感器可以仿真现实中的电容传感器、电感传感器等，只需在检测对象中选入符合检测功能的对象即可。

（2）创建光电传感器

① 单击"创建光电传感器"按钮，"直径"为 10，"宽度"为 5，"长度"为 100，如图 8-19 所示。

② 使用"放置操控器"让光电传感器的检测线朝上，并将传感器放置在相应位置，如图 8-20 所示。

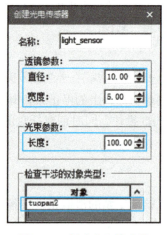

图 8-19　创建光电传感器

图 8-20　光电传感器的方向

③ 重复步骤①②，再创建两个光电传感器，如图 8-21 所示。

步骤 2：创建视觉检测工站的传送带

创建传送带的思路如图 8-22 所示。

（1）坐标系的建立

① 在阻挡气缸上建立坐标系，如图 8-23 所示。

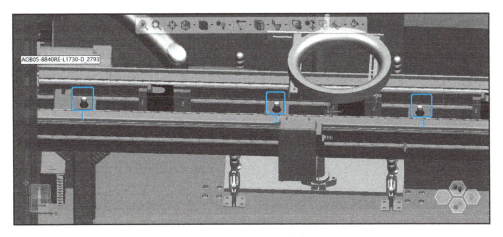

图 8-21　所有光电传感器

图 8-22　创建传送带的思路

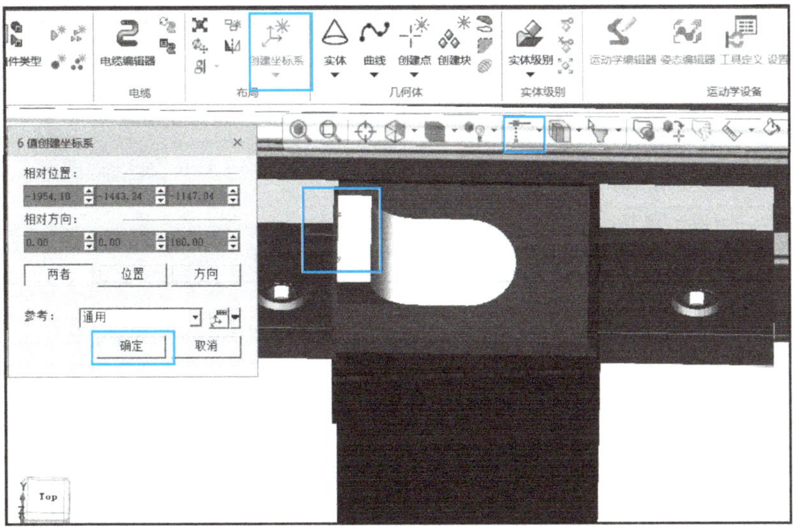

图 8-23　建立坐标系

② 单击"放置操控器"按钮，移动阻挡气缸上的坐标系，移动距离是滑橇运行时的参考坐标系到托盘外壳的距离，经测量为 80。

③ 参考上面的步骤，再创建两个坐标系，如图 8-24 所示。

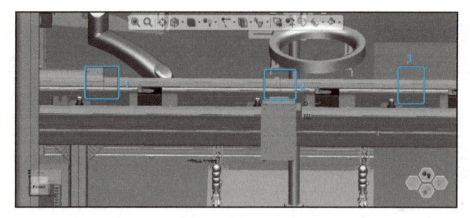

图 8-24　坐标系位置

（2）根据设备工艺结构建立机运线关系

① 在对象树中选择 Conveyer 后单击"设置建模范围"按钮。

② 在对象树中选择 Conveyer 后单击"创建多段线"按钮，选择传送带起点和终点处的两个坐标系，创建一条直线。

③ 单击"定义机运线"按钮，"曲线"选择上述直线，如图 8-25 所示。

④ 在信号查看器中创建四个输出信号，分别命名为 duandian1、duandian2、duandian3、tuopan。

⑤ 编辑概念机运线中的控制点时添加三个控制点，依次选择阻挡气缸的坐标系。

⑥ 在"条件表达式"中添加表达式，如图 8-26 所示。

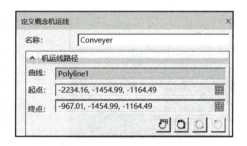

图 8-25　定义机运线

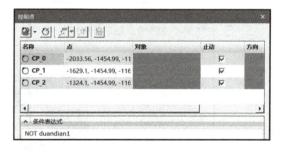

图 8-26　控制点的建立

小提示：

1. Process Simulate 中没有物理属性，无法通过碰撞挡住物体。
2. 通过在机运线上设置停止点来实现托盘停止，实现阻挡气缸的功能。
3. 当停止点的条件表达式值为 1 时，托盘不能通过，值为 0 时，托盘可通过。
4. NOT 为取反函数，其后变量值为 1 时，NOT 函数输出 0。

⑦ 在执行"生成滑橇外观控制点"时选择传送带的起点坐标系，"滑橇"为 tuopan2，在"条件表达式"中添加表达式，如图 8-27 所示。

项目 8 视觉检测工站仿真

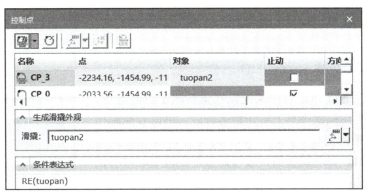

图 8-27 生成滑橇外观控制点

任务 8.3 视觉检测工站虚拟仿真

 任务提出

请结合表 8-4 中的内容了解本任务和关键指标。

表 8-4 任务书

任务名称	视觉检测工站虚拟仿真	任务来源	企业综合项目
姓　　名		实施时间	
任务描述	某工厂要对视觉检测工站进行虚拟仿真，现需要在 Process Simulate 软件中进行该项工作，完成各组件的信号设置，将视觉检测工站的自动化工作过程在软件中展示出来。请根据本任务中 Process Simulate 软件相关命令的介绍，选择合适的方式完成任务。 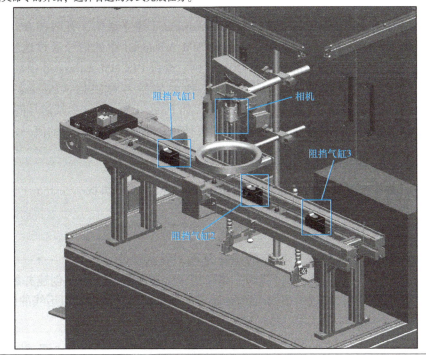		
关键指标要求	1. 相关信号的创建。 2. 新操作的创建。 3. Process Simulate 与 PLC 的虚拟连接。		

知识准备

8.3.1 视觉检测工站的工作流程

本任务中通过虚拟 PLC 程序来控制视觉检测工站的运行。在 Process Simulate 中视觉检测工站开始运行后,由信号控制托盘的出现和传送带的启动,并将产线上的传感器信号反馈到 PLC 中,从而由 PLC 自动判断是否放行托盘并在检测时开启相机。整个工作流程应实现自动化运行。

视觉检测工站的工作流程

8.3.2 基于虚拟 PLC 的软件在环虚拟调试

1. 软件在环虚拟调试

软件在环虚拟调试是指用软件对产线进行虚拟调试,不需要用到真实设备。

PLCSIM Advanced 是 SIEMENS 推出的一款高功能仿真器,它的显著特点是除了可以仿真一般的 PLC 逻辑控制程序外还可以仿真通信,实现与 Process Simulate 之间的信号交互。

基于虚拟 PLC 的软件在环虚拟调试

在 PLC 编程软件中编制逻辑控制程序,通过 PLCSIM Advanced 与虚拟生产线建立通信,对虚拟产线进行控制,可在现场调试之前模拟、优化流程,提前验证产线、程序的稳定性和可靠性,保证产线实现预期要求,从而大大削减系统安装成本,缩短项目实施周期。

2. 信号交互

Process Simulate 与 PLC 通过 PLCSIM Advanced 建立通信,有两种方式实现信号映射:第一种为地址映射,Process Simulate 和 PLCSIM Advanced 中的信号通过地址进行一一对应,如 Process Simulate 中某信号的地址为 Q0.0,则它会跟 PLCSIM Advanced 中地址为 Q0.0 的信号建立映射关系,两者的值一定相同;第二种为信号名称映射,Process Simulate 跟 PLCSIM Advanced 中的信号通过名称进行一一对应,如 Process Simulate 中某信号的名称为 signal,则它会跟 PLCSIM Advanced 中名称为 signal 的信号建立映射关系,两者的值一定相同。

8.3.3 软件术语及指令应用

本任务中主要使用的软件术语及指令为编辑机运线逻辑块和仿真面板。

软件术语及指令应用

1. 编辑机运线逻辑块

"编辑机运线逻辑块"指令的图标是 ,可在软件"控件"选项卡→"机运线"组中找到。编辑机运线逻辑块的作用是创建并编辑机运线的启动信号和停止信号,在本任务中用于创建传送带的信号,由信号控制机运线的启停。

2. 仿真面板

"仿真面板"指令的图标是 ,可在软件"控件"选项卡→"调试"组中找到。仿真面板的作用是在仿真时查看信号的值,并可强制修改信号值。仿真面板的信号需要从信号查看器中添加进来。本任务中它用于查看传感器信号,并强制修改信号值为生成托盘和物料。

项目 8 视觉检测工站仿真

 任务实施

完成视觉检测工站虚拟仿真需要三个步骤：①创建视觉检测工站中的设备操作及信号；②创建视觉检测工站与 PLC 的通信映射；③将控制信号添加到仿真面板，改变信号值实现视觉检测工站的仿真。

步骤 1：创建视觉检测工站中的设备操作及信号

创建设备操作和信号的思路如图 8-28 所示。

（1）根据工艺需求创建非仿真操作

① 单击"新建非仿真操作"按钮，创建四个非仿真操作，分别命名为 wuliao、Op、Op1、XJ。

② 将 wuliao 拖入序列编辑器，右击后选择"显示事件"，将物料全部选入。

③ 将 XJ 拖入序列编辑器，右击后选择"显示事件"，将零件 XJ 选入。

④ 把对象树中的所有模型全都结束建模，再单击"生产线仿真模式"按钮。

⑤ 将操作树中的非仿真操作全部拖入物料编辑器，单击"新建物料流链接"按钮，如图 8-29 所示。

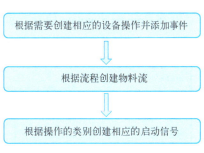

图 8-28 创建设备操作和信号的思路

图 8-29 新建物料流链接

⑥ 选择 wuliao 与 XJ 的非仿真操作，再单击"创建非仿真起始信号"按钮，完成信号的创建。

（2）创建传送带信号

① 在对象树中选择 Conveyer，单击"设置建模范围"按钮。

② 单击"编辑机运线逻辑块"按钮，勾选"开始""停止"，单击"确定"按钮进入资源逻辑行为编辑器，如图 8-30 所示。

③ 切换到"入口"选项卡，单击"创建信号"→Output，如图 8-31 所示。

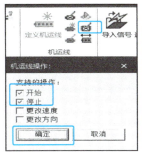

图 8-30 资源逻辑行为编辑器入口　　图 8-31 传送带信号创建

（3）建立启动信号

在信号查看器中单击"新建信号"按钮，创建一个资源输入信号，将信号名称修改为 start。

步骤 2：创建视觉检测工站与 PLC 的通信映射

创建视觉检测工站与 PLC 的通信映射思路如图 8-32 所示。

① 打开博途软件，将程序下载到 PLCSIM Advanced。

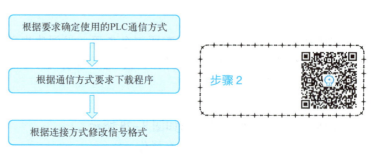

图 8-32　创建通信映射的思路

② 在 Process Simulate 信号查看器中将信号的地址改为与 PLC 地址相同，如图 8-33 所示。

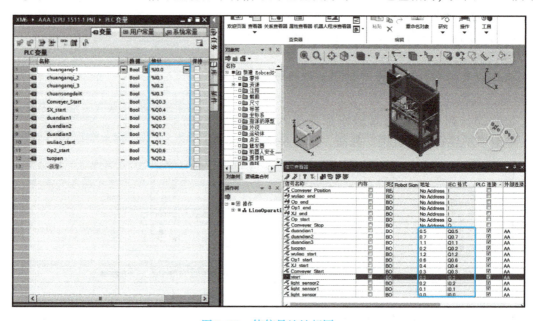

图 8-33　使信号地址相同

步骤 3：视觉检测工站的虚拟仿真调试

视觉检测工站虚拟仿真调试的思路如图 8-34 所示。

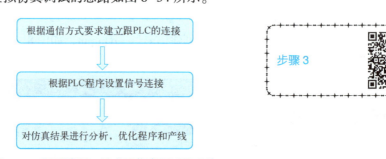

图 8-34　视觉检测工站虚拟仿真调试的思路

（1）进行 Process Simulate 仿真设置

① 在空白处右击，选择"选项"，在 PLC 页中勾选 PLC，并选择"外部连接"。

② 单击"连接设置"进入"外部连接"界面。
③ 选择和添加 PLCSIM Advanced，与虚拟 PLC 进行连接，如图 8-35 所示。

图 8-35　PLC 连接名称

④ 在信号查看器中勾选需要的信号与外部进行连接，并选择外部连接 AA，如图 8-36 所示。

信号	勾选	类型	地址	地址	勾选	连接
duandian1	☐	BO	0.5	Q0.5	☑	AA
duandian2	☐	BO	0.7	Q0.7	☑	AA
duandian3	☐	BO	1.1	Q1.1	☑	AA
tuopan	☐	BO	0.2	Q0.2	☑	AA
wuliao_start	☐	BO	1.2	Q1.2	☑	AA
Op1_start	☐	BO	0.6	Q0.6	☑	AA
XJ_start	☐	BO	0.4	Q0.4	☑	AA
Conveyer_Start	☐	BO	0.3	Q0.3	☑	AA
start	☐	BO	0.3	I0.3	☑	AA
light_sensor2	☐	BO	0.2	I0.2	☑	AA
light_sensor1	☐	BO	0.1	I0.1	☑	AA
light_sensor	☐	BO	0.0	I0.0	☑	AA

图 8-36　外部连接信号

（2）将信号添加至仿真面板

打开仿真面板，添加 start 信号。

（3）运行 Process Simulate 并改变信号状态实现仿真

① 单击序列编辑器中的"播放"按钮，开始仿真，如图 8-37 所示。

② 在仿真面板中强制修改信号值，检查 Process Simulate 中其他信号值是否跟随变化、对应的操作是否执行、工作过程是否正确。

③ 保存文件，完成视觉检测工站仿真任务。

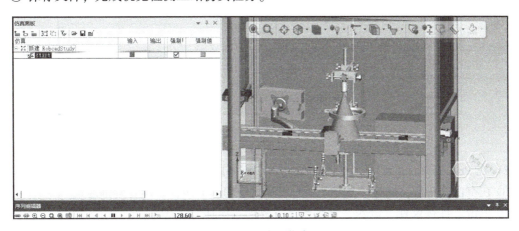

图 8-37　虚拟仿真

项目拓展　基于真实 PLC 的硬件在环虚拟调试

在 Process Simulate 软件中要实现传送带上托盘移动的虚拟仿真，除了以上方式外，还可以用真实的 PLC。

项目拓展

使用真实 PLC 进行的虚拟仿真，功能完善，适用性强，投资少、效果好、效率高，已有广泛应用。

下面对使用真实 PLC 的虚拟仿真进行讲解。

1) 在博途软件中，Process Simulate 连接真实的 PLC 要在"运行系统许可证"中选择 OPC UA。

① 在博途软件中，把 PLC 程序下载到真实的 PLC 模块中，需要在设备组态属性里面选择"运行系统许可证"，如图 8-38 所示。

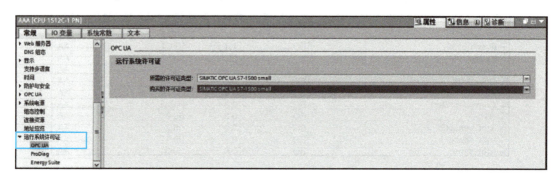

图 8-38　PLC 运行系统许可证

② 在 PLC 中，程序下载到真实 PLC 之前要勾选 OPC UA。OPC UA 客户端是数据的获取方，它通过标准的 OPC UA 接口去读写 OPC UA 服务器的数据，如图 8-39 所示。

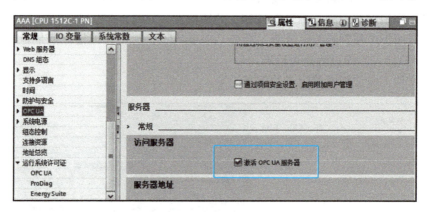

图 8-39　PLC 激活 OPC UA

2) 在 Process Simulate 中，连接真实的 PLC 需要以管理员的身份运行。

① 在空白处右击，选择"选项"，在 PLC 页中勾选 PLC，选择"外部连接"。

② 单击"连接设置"进入"外部连接"界面，添加 OPC UA。

③ 在 Process Simulate 中进行 PLC 连接，输入名称，"主机名"应与 PLC 的地址一样，以

便接收 PLC 的信号。然后选择 Objects→PLC 的名称→Outputs，选择一个信号，最后单击"确定"按钮，完成 Process Simulate 与真实 PLC 的连接，如图 8-40 所示。

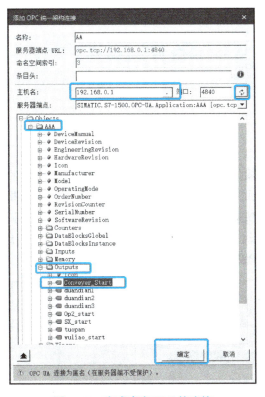

图 8-40　完成真实 PLC 的连接

④ 在信号查看器中将需要连接的信号名称改为与 PLC 信号名称一致，并且需要加上英式双引号" "，如图 8-41 所示。这样就完成了 Process Simulate 与真实 PLC 的通信连接。

图 8-41　创建信号映射

练习题

1. 如何建立相机的检测范围？
2. PLC 仿真模式的优点有哪些？
3. 在 Process Simulate 中连接 PLC 时需要注意什么？
4. （实操题）在 Process Simulate 中添加 16 工位的托盘并实现传送带输送。

项目 9　智能检测生产线虚实联调

项目描述

通过 Process Simulate 软件的内部逻辑来仿真控制各个工作站的工作流程,完成对智能检测生产线的虚实联调。本项目重点介绍了生产线的手/自动运行分析、物料流创建的方法、智能检测生产线与 PLC 通信映射的方法等内容。通过本项目的学习和训练,读者能够仿真整个非标自动化产线的动作,设计其控制逻辑关系,完成各个工作站的虚拟仿真,最终实现智能检测系统的虚实联调。智能检测生产线如图 9-1 所示。

图 9-1　智能检测生产线

技能证书要求

对应的 1+X 生产线数字化仿真应用证书技能点	
3.2.1	能够根据生产线工艺要求,设置软件的虚拟仿真环境参数

（续）

对应的 1+X 生产线数字化仿真应用证书技能点	
3.2.2	能够根据调试需求，配置 OPC 与物理 PLC 之间的信号映射
4.1.2	能够根据系统技术参数，配置软硬件通信环境
4.1.4	能够根据生产线控制要求，分配信号地址、定义信号类型
4.2.6	能够根据生产线的工艺仿真结果，优化参数、调试虚拟设备，验证其是否满足生产工艺

  学习目标

- 掌握智能检测生产线手动运行的工艺流程，并能分析智能生产线的手动运行操作。
- 掌握智能检测生产线自动运行的工艺流程，并能分析智能生产线的自动运行操作。
- 掌握创建智能检测生产线物料流的方法。
- 掌握创建智能检测生产线与 PLC 通信映射的方法。
- 通过虚实联调，培养实践创新的工作态度。
- 通过项目实施，培养吃苦耐劳的良好品质。

学习导图

任务 9.1　真实的智能检测生产线设置

  任务提出

请结合表 9-1 中的内容了解本任务和关键指标。

表 9-1 任务书

任务名称	真实的智能检测生产线设置	任务来源	企业综合项目
姓　　名		实施时间	
任务描述	某工厂要对真实的智能检测生产线进行仿真，现需要分析智能检测生产线的手/自动工艺流程，了解真实智能检测生产线的控制原理，在 Process Simulate 软件中实现各个站点手/自动的切换以及工作流程，实现各组件的功能。要求：完成工艺功能分析，确保模型完整；完成各个站点切换至手动运行的流程分析；完成所有站点切换至自动运行的流程分析。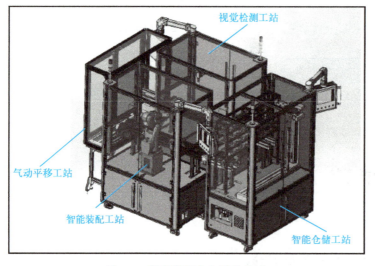		
关键指标要求	1. 智能检测生产线各个站点能够切换至手动运行。 2. 智能检测生产线所有站点能够切换至自动运行。 3. 手/自动设置符合任务要求。		

 知识准备

9.1.1 智能检测生产线的设备组成

智能检测生产线由四个工站组成：智能仓储工站、智能装配工站、气动平移工站和视觉检测工站，如图 9-2 所示。

真实的智能检测生产线控制原理

图 9-2　智能检测生产线的组成

1）智能仓储工站由机架、堆垛机和铝型材支架组成。

2）智能装配工站机架结构与智能仓储工站类似，机柜上部安装输送线、气缸和 KUKA 六轴机器人，电气柜装载 KUKA 机器人机箱和控制元件，电气柜侧面装有风扇和气泵，三色报警灯和活动显示屏与智能仓储工站相同。

3）视觉检测工站主要包括机架、工业相机、显示屏等。控制元件装在机柜下部，机柜上部装有输送线和视觉装置。同时，视觉检测工站控制气动平移工站的运行。

9.1.2 智能检测生产线各个工站的工作原理

（1）智能仓储工站

智能仓储工站中的堆垛机具有 X、Y、Z 三个运动方向，其中，X 轴堆垛机安装在机架上，Y 轴堆垛机通过连接铝板安装在 X 轴堆垛机的运动盘上，而 Z 轴堆垛机安装在 Y 轴堆垛机的运动盘上。各轴的运动均由独立的伺服电机驱动，伺服电机通过带传动使得滚珠丝杠转动，从而使得丝杠滑台实现平动。

伺服线缆放置于坦克链内部，使其跟随移动平台运动。各段堆垛机上装有三个限位开关，防止堆垛机与机架碰撞。抓板安装在 Z 轴移动台上，并用导轨进行支撑和导向，以实现托盘抽放，如图 9-3 所示。

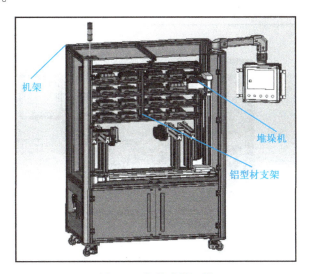

图 9-3 智能仓储工站

（2）智能装配工站

实现将物料从原料托盘转移至成品托盘，并识别托盘信息和运输状态。顶升夹紧装置固定并升起成品托盘，用气动和机械挡块对托盘进行定位，再用两气缸推动短销来对托盘侧面衬套进行夹紧定位，并控制底部气缸进行顶升。原料托盘由底部气缸推动四根短销对其进行定位和起升。

最后机器人根据订单相应的程序来将物料从原料托盘转移至成品托盘，如图 9-4 所示。

（3）视觉检测工站

主要对物料信息进行读取，当物料经输送线运送至相机下面时，气动挡块会挡住托盘，再由相机对物料进行拍照，上传至视觉处理系统，对物料上的二维码信息进行读取，在显示屏上显示对比信息，如图 9-5 所示。

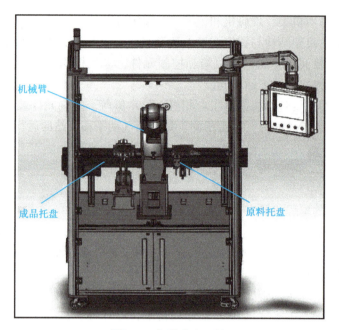

图 9-4 智能装配工站

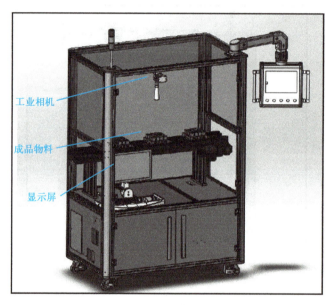

图 9-5 视觉检测工站

同时,视觉检测工站控制气动平移工站的运行,从而将智能装配工站的托盘输送到视觉检测工站。

 任务实施

完成智能检测生产线设置需要两个步骤:①分析手动运行操作流程;②分析自动运行操作流程。

步骤1：真实的智能检测生产线手动运行

（1）开机运行

① 依次将各站接上电源并将电源开关推上，顺序依次为智能仓储工站、智能装配工站、视觉检测工站。

② 将气泵打开，并将各站的气源开关打开。

③ 将各站急停按钮松开，按下复位按钮，等待复位完成。

（2）智能仓储工站手动运行

① 设备复位完成后将旋钮旋转至手动模式，即智能仓储工站中手动运行开启。

② 在参数配置界面可以手动操纵堆垛机的移动方向，"ST01打开"可控制阻挡气缸动作，"FF01正转"与"FF01反转"可控制左侧传送带动作，"FF06正转"与"FF06反转"可控制右侧传送带动作，将托盘输送至智能装配工站。如图9-6所示。

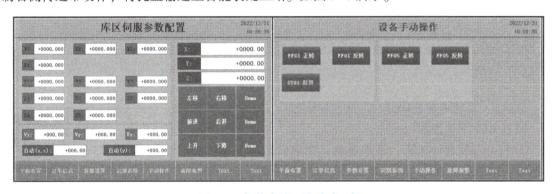

图9-6 智能仓储工站手动运行

（3）智能装配工站手动运行

① 将旋钮旋转至手动模式，即智能装配工站中手动运行开启。

②"FF02正转"与"FF02反转"可控制传送带动作，"ST02打开"与"ST03打开"分别控制两个阻挡气缸动作。

③ 由智能仓储工站输送来的托盘到位后，按下"EL01夹紧"，侧面气缸夹紧托盘侧面，按下"EL01上升"，托盘被顶起。

④ 由智能仓储工站输送原料托盘到位后，按下"ST02定位"，托盘被顶起。

⑤ 完成对原料托盘的取料后，按下"EL01下降"，将原料托盘下放至输送线，继续按下"EL01松开"，将托盘回收，如图9-7所示。

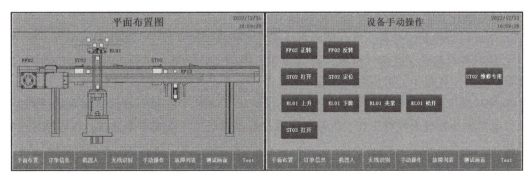

图9-7 智能装配工站手动运行

（4）视觉检测工站

① 将旋钮旋转至手动模式，即视觉检测工站中手动运行开启。

② "ST04 打开" "ST05 打开" "ST06 打开" 分别控制三个阻挡气缸动作。

③ "FF03 正转" 与 "FF03 反转" 控制传送带动作，当输送线将成品托盘输送至相机下面时，气动挡块阻挡气缸，RFID 读写器读取工单信息，如图 9-8 所示。

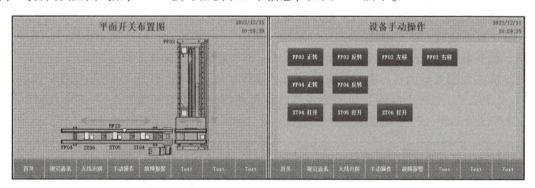

图 9-8　视觉检测工站手动运行

步骤 2：真实的智能检测生产线自动运行

（1）MES 下单流程

① 打开总控台计算机，进入系统，在桌面上单击"智能制造实训平台示范系统首页"链接，进入示范系统首页。

② 以普通用户角色登录系统，用户名 user1，密码 hello。

③ 普通用户个性化定制下单：选择产品，确定安装位置，提交订单至管理员。

④ 以管理员角色登录系统，用户名 admin，密码 hello。

⑤ 在 WMS 子系统下，将仓库内的物料设置为与现场实际情况一致。

⑥ 在订单子系统的"订单管理"菜单下，选择一个客户订单，审核通过。

⑦ 审核通过后，MES 订单自动生成，可以到 MES 子系统的"工单管理"菜单下进行工单查询、工单下发等操作。系统默认每隔 3s 自动将工单下发到工站执行。

（2）自动运行

① 设备复位完成后将旋钮旋转至自动模式，单击"启动"按钮，即开启自动运行。

② 智能仓储工站中堆垛机接收到信号后，将成品托盘从仓储转移至输送线上，输送至阻挡气缸并固定，RFID 读写器识别托盘信息后继续输送至成品装配位置，光电传感器感应到位，侧面气缸夹紧托盘侧面并顶起托盘等待机械手装配作业。

③ 堆垛机接收到信号后，从仓储中将原料托盘转移至输送线上，堆垛机回位。

④ 原料托盘输送至底部气缸处，被其顶起，根据工单信息，机器人从原料托盘中依次取料放置到成品空托盘中，进行装配作业。

⑤ 完成对原料托盘的取料时，将原料托盘下放至输送线进行回收，运输新的原料托盘，直至完成对成品托盘的放料工作，气缸放下成品托盘输送至气动平移输送线，再转移至视觉检测工站。

⑥ 输送线将成品托盘输送至相机下方，气动挡块阻挡气缸，RFID 读写器读取工单信息，由相机对物料进行拍照并上传至视觉处理系统，检查位置是否正确、字符是否正确，读取二维

码信息，输出检测结果，完成成品入库。

⑦ 成品托盘最终运输至智能仓储工站输送线，RFID 读写器读取工单信息，由堆垛机放至原位，操作界面显示工单生产完成。

（3）关机

① 按下总开关急停按钮，设备停止工作。

② 关闭机器人电源，将机器人控制器开关切换至 OFF 档并关闭气泵。

③ 当工业机器人、视觉检测工站关闭完成后，将主控柜各分站空气开关下拉、总控站空气开关下拉，设备关机完成。

任务 9.2　虚拟的智能检测生产线设置

任务提出

请结合表 9-2 中的内容了解本任务和关键指标。

表 9-2　任务书

任务名称	虚拟的智能检测生产线设置	任务来源	企业综合项目
姓　　名		实施时间	
任务描述	某工厂要对虚拟的智能检测生产线进行设置，现需要在 Process Simulate 软件中完成智能检测生产线各组件的控制设置，将其自动化工作过程在软件中展示出来。要求：创建智能检测生产线的物料流；完成虚拟智能检测生产线与 PLC 的通信映射。 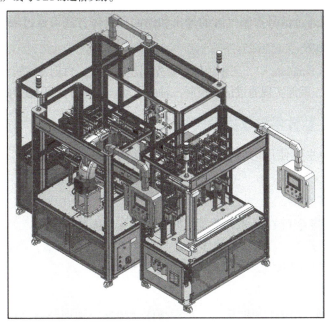		
关键指标要求	1. 能够创建智能检测生产线的物料流。 2. 能够完成智能检测生产线与 PLC 的通信映射。		

知识准备

9.2.1 虚拟的智能检测生产线控制原理

1. 物料的控制原理

在 Process Simulate 中，物料是生产线的加工产品，属于零件，而在生产线仿真模式下，要显示零件，就需要创建一个操作并添加显示事件，并在显示事件中添加物料。这样，通过执行该操作就能控制零件的生成，同时该操作可由其生成的信号控制。具体方法可通过项目 7 进行回顾。

虚拟的智能检测生产线控制原理

2. 传送带控制原理

在 Process Simulate 中需要将传送带定义为机运线，这样传送带就能输送滑橇。同时可以在机运线上设置控制点，实现托盘的阻挡和放行。机运线可由信号控制启停、控制点的阻挡和放行。具体方法可通过项目 8 进行回顾。

3. 机器人控制原理

在 Process Simulate 中，机器人需要先创建机器人操作，再创建机器人操作的 start 信号，才能通过信号控制机器人。具体方法可通过项目 7 进行回顾。

4. 气缸控制原理

在 Process Simulate 中，气缸需要先创建运动学和姿态，再创建逻辑块姿态操作和传感器，这样就能实现通过信号控制气缸的伸出和缩回。具体方法可通过项目 7 进行回顾。

5. 三轴组件

在 Process Simulate 中，三轴组件需要先创建运动学，再创建逻辑块姿态操作和传感器，并添加移动关节到值，就能实现通过信号控制三轴的运动。具体方法可通过项目 5 的项目扩展进行回顾。

9.2.2 软件术语及指令应用

本任务中主要使用的软件术语及指令为 OPC UA 和生成外观。

软件术语及指令应用

1. OPC UA

OPC UA 指令可在"选项"→"PLC"→"连接设置"→"添加"中找到。OPC UA 的作用是与真实 PLC 进行通信，本任务中用于建立与智能检测生产线三个 PLC 的通信，实现 PLC 控制虚拟模型。

2. 生成外观

"生成外观"指令的图标是 ，可在软件"控件"选项卡→"物料流"组中找到，生成外观用于生成零件的外观，外观独立于原零件。本任务中它用于在生产线仿真模式下显示物料外观。

任务实施

完成虚拟的智能检测生产线设置需要两个步骤：①虚拟的智能检测生产线物料流创建；②虚拟的智能检测生产线与 PLC 的通信映射。

步骤1：虚拟的智能检测生产线物料流创建

虚拟的智能检测生产线物料流创建思路如图9-9所示。

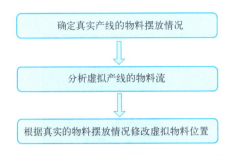

图9-9 虚拟的智能检测生产线物料流创建思路

(1) 添加显示事件及物料流

① 在标准模式下的操作树中选择一个仿真为其添加显示事件，如图9-10所示。

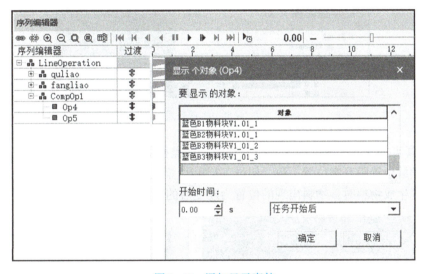

图9-10 添加显示事件

② 在"要显示的对象"框中选择需要显示的物料，单击"确定"按钮，完成显示事件的创建。

③ 切换到生产线仿真模式，在物料流查看器中添加物料流，如图9-11所示。

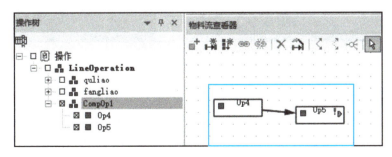

图9-11 添加物料流

(2)物料调整

① 生产线仿真模式下,在操作树中选择带有显示事件的操作,右击后选择"生成外观",如图 9-12 所示。

图 9-12　生成外观

② 根据真实托盘上的物料摆放情况,使用放置操控器移动这些物料,使 Process Simulate 中的物料块摆放位置跟真实位置一致。假设 Y3 跟 B3 需要互换位置,如图 9-13 所示,调整后在下一次仿真生成物料时,物料出现的位置为改变后的情况,如图 9-14 所示。

图 9-13　物料原摆放位置

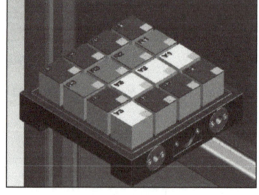

图 9-14　物料调整后的位置

 小提示:

1. 零件在生产线仿真模式下会消失,只能通过带有显示事件的操作生成外观显示。

2. 如果只是调整物料位置,则不用在标准模式下修改显示事件,只需在生产线仿真模式下生成外观后调整。

步骤 2：虚拟的智能检测生产线与 PLC 的通信映射

虚拟的智能检测生产线与 PLC 的通信映射思路如图 9-15 所示。

步骤 2

（1）OPC 软件启动

① 通过网线将计算机和真实智能检测生产线的 PLC 连接，确保通信成功。

② 打开 RK OPC UA 软件，并对信号进行查看。信号名称、信号类型、信号地址、更新时间不能缺失，无误后单击"启动 OPC 服务"按钮，如图 9-16 所示。

（2）建立外部连接

① 确保 Process Simulate 以管理员身份运行。

② 打开"选项"界面，选择 PLC，单击"连接设置"按钮选择"添加"→OPC UA，如图 9-17 所示。

图 9-15 虚拟的智能检测生产线与 PLC 的通信映射思路

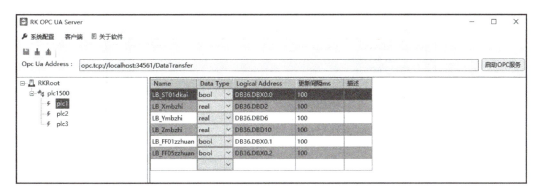

图 9-16 RK OPC UA 软件

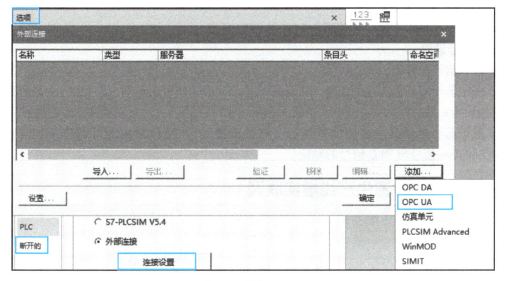

图 9-17 添加 OPC UA

③ 在打开的界面中填写名称，"条目头"处要参考 RK OPC UA 软件中的设置。如果要建立与 plc2 的通信，"条目头"需要改为 RKRoot/plc1500/plc2/，如图 9-18 所示。

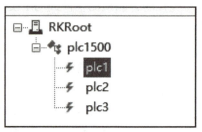

④ "主机名"设为 LocalHost，注意字母大小写要一致。"端口"为 34561，然后单击右侧的"刷新"按钮。

⑤ 在列表中展开层级，找到对应文件下的信号，并选择其中一个，再单击"确定"按钮，完成 OPC 通道的建立，如图 9-19 所示。

图 9-18 条目头参考设置

图 9-19 OPC 设置界面

⑥ 参考以上操作，建立另外两个 PLC 的 OPC 通道。

（3）信号设置

① 打开信号查看器。

② 确定需要跟外部连接的信号，Process Simulate 中的信号名称与 RK OPC UA 软件中的信号名称应设为一致。

③ 对于需要跟外部连接的信号勾选"PLC 连接"，并选择对应的外部连接，就完成了 Process Simulate 信号与 PLC 信号的对应。

任务 9.3　智能检测生产线虚实联调

请结合表 9-3 中的内容了解本任务和关键指标。

表 9-3　任务书

任务名称	智能检测生产线虚实联调	任务来源	企业综合项目
姓　　名		实施时间	
任务描述	某工厂要对智能检测生产线进行虚实联调，现需要在 Process Simulate 软件中进行该项工作，完成各组件的控制设置，将智能检测生产线的自动化工作过程与实际设备同时运行的流程展示出来。要求：创建并连接信号，实现手动运行虚实产线的设备动作；虚实产线自动运行。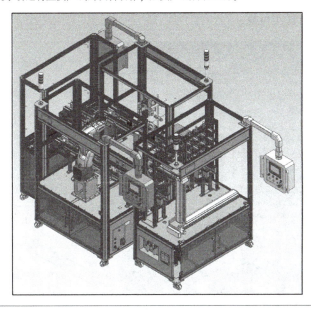		
关键指标要求	1. 能够手动操作运行虚实产线。 2. 能够自动运行虚实产线。		

 知识准备

9.3.1　虚实联调

1. 数字孪生

数字孪生是采用信息技术对物理实体的组成、特征、功能和性能进行数字化定义和建模的过程。数字孪生体是指在计算机虚拟空间存在的与物理实体完全等价的信息模型，可以基于该模型对物理实体进行仿真分析和优化。数字孪生是技术、过程、方法，数字孪生体是对象、模型和数据。

虚实联调

数字孪生有时候也用来指代在没有建造之前就完成一个工厂的厂房及产线的数字化模型，从而在虚拟的赛博空间中对工厂进行仿真和模拟，并将真实参数传给实际的工厂建设过程。厂房和产线建成之后，在日常的运维中二者继续进行信息交互。值得注意的是，数字孪生不是构型管理的工具，不是制成品的 3D 尺寸模型，也不是制成品基于模型的定义。数字孪生可以持续预测装备或系统的健康状况、剩余使用寿命以及任务执行成功的概率，也可以预见关键安全事件的系统响应，通过与实体的系统响应进行对比，揭示装备研制中存在的未知问题。

2. 虚实联调的作用

如图9-20所示，虚实联调的目的是将真实生产线的生产情况、报警信息和设备状态等数据实时反馈到数字孪生生产线，根据故障诊断和预测算法或生产管理人员的决策，将虚拟生产线中对生产节拍、设备状态和计划产量等的调整数据实时反馈到真实生产线。经过联调，真实生产线在后续产线优化上有充分的数据支撑，而数字孪生生产线能更真实地反映真实生产线，仿真的数据更加真实可靠。

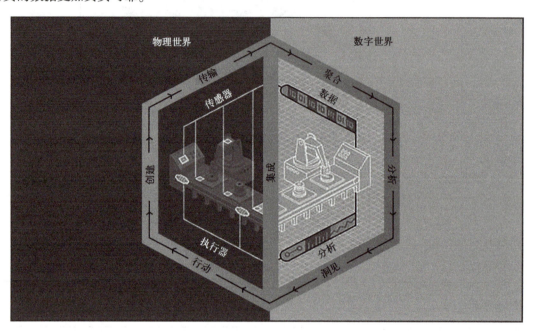

图9-20 虚实联调

通过全过程数字技术实现物理信息的融合。按照数字孪生五维模型结构，平台从物理实体、虚拟模型、数据信息、集成连接、服务支持五个维度来构建应用场景，其功能关系及实现原理如图9-21所示。首先，数字样机建模、电气设计、自动控制编程与仿真的集成平台，通过软件在环方式可开展虚拟仿真与调试，优化模型和程序设计；然后，采用真实PLC采集实体设备平台的传感器信号，并使用已经通过虚拟调试验证的程序驱动电磁阀、电动机、指示灯等执行机构，控制实体设备正常运行；最后，借助真实PLC与集成平台的接口，通过变量链接和以太网通信，实现虚实数据交互，通过硬件在环实现以实控虚、以虚控实、虚实联调。

数字孪生生产线可以作为真实生产线的监视平台，通过实时将真实生产线的数据传送到数字孪生生产线，即可不到现场就能掌握生产情况。若真实生产线对现场环境要求严格（如无尘、无振等），就能通过数字孪生生产线来查看真实生产线的运行情况，减少对生产的影响。

通过以上学习，要完成任务，需掌握以下软件术语及指令。

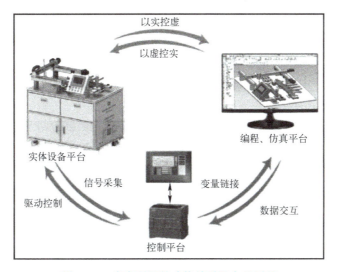

图 9-21 虚实联调的功能关系及实现原理

9.3.2 软件术语及指令应用

本任务中主要使用的软件术语及指令为编辑逻辑资源和初始位置。

1. 编辑逻辑资源

"编辑逻辑资源"指令的图标是 ，在软件中可在"控件"选项卡→"资源"组中找到。编辑逻辑资源的作用是更改现有智能组件（SC）或逻辑块（LB）的逻辑，可以更改入口、出口的名称，不能更改参数、常数或操作。

2. 初始位置

"初始位置"指令的图标是 🏠，在软件中可在"机器人"选项卡→"工具和设备"组中找到。初始位置的作用是返回设备或机器人的初始位置，在调试时用于使设备和机器人回到原位，跟真实设备保持一致。

任务实施

完成智能检测生产线虚实联调需要两个步骤：①手动运行虚实产线的设备动作；②虚实产线自动化运行。

步骤1：手动运行虚实产线的设备动作

手动运行虚实产线设备动作的思路如图 9-22 所示。

（1）智能仓储工站

① 开启智能仓储工站真实设备，将旋钮旋转到手动模式，在人机交互界面中进入参数配置界面。

② 在 Process Simulate 中进入生产线仿真模式，并在序列编辑器中单击"播放"按钮，将虚拟产线运行起来。

③ 在人机交互界面上进行设置，观察真实产线和虚拟产线的设备动作。

图 9-22 手动运行虚实产线设备动作的思路

④ 根据工艺要求通过左右移动按键控制堆垛机,将堆垛机移动至成品托盘处,按前进以及上升键后将托盘抬起,然后按后退键下降,将托盘运送至输送线处,继续按前进、下降键,将托盘放至输送线,然后按后退键以及〈Home〉键,让堆垛机缩回并返回初始位置,在此过程中,Process Simulate 中的堆垛机接收到信号后同步移动,将托盘放置到输送线后堆垛机返回初始位置,如图 9-23 所示。

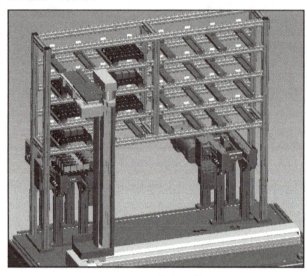

图 9-23 托盘出库

⑤ 进入手动操作界面,按下"SY01 打开",阻挡气缸动作,继续按下"FF01 正转",真实传送带设备运行,将成品托盘运送至智能装配工站,Process Simulate 中的虚拟设备与真实设备同步运行,将托盘运送至下一工站。

⑥ 继续手动操作,将原料托盘运送至智能装配工站,虚拟设备同步将原料托盘运送至下一工站。

⑦ 手动操作按键控制堆垛机,将运送至输送线处的原料托盘放回原位,继续将成品托盘放入料库中,Process Simulate 中的堆垛机依次同步将托盘放至指定位置,如图 9-24 所示。

图 9-24 托盘入库

(2)智能装配工站

① 开启智能装配工站真实设备,将旋钮旋转到手动模式,在人机交互界面中进入手动操作界面。

② 成品托盘的放置。按下"FF02 正转",传送带将托盘运至 ST02 阻挡气缸处,然后传感器发出检测信号,按下"ST02 打开",将阻挡气缸缩回,在 Process Simulate 中阻挡气缸接收到信号时同步运行缩回动作。

③ 在真实设备中,继续让传送带运行,将成品托盘运送至 ST03 阻挡气缸处,传感器发出检测信号,按下"EL01 下降",两侧夹紧顶起气缸动作,接着按下"EL01 夹紧"与"EL01 上升"将托盘夹紧后顶起固定,而虚拟设备接收相应信号时同步运动,将成品托盘固定在具体位置,如图 9-25 所示。

④ 原料托盘的放置。在手动操作界面中继续按下"FF02 正转",让传送带运行,将原料托盘运至 ST02 阻挡气缸位置,传感器发出检测信号,继续按下"ST02 定位",气缸将托盘顶起到固定位置,同时 Process Simulate 中设备接收到信号与其同步动作,将原料托盘从上一站点运送至智能装配工站,继续由气缸将托盘顶起,如图 9-26 所示。

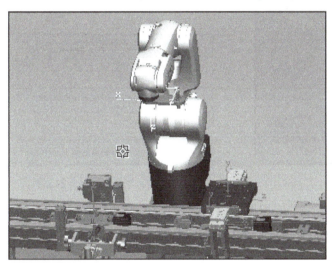

图 9-25 成品托盘放置

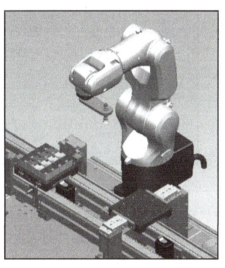

图 9-26 原料托盘放置

(3)视觉检测工站

① 开启视觉检测工站真实设备,将旋钮旋转到手动模式,在人机交互界面中进入手动操作界面。

② 按下"FF03 左移",气动平移装置左移,将托盘运至视觉检测工站入口处,虚拟设备同时运行,如图 9-27 所示。

③ 按下"FF03 正转",传送带将托盘运至 ST04 阻挡气缸处,传感器发出检测信号,继续手动操作按键,将托盘运至 ST05 阻挡气缸处,RFID 读写器读取工单信息,由相机对物料拍照并上传至视觉处理系统,继续操作按键将阻挡气缸运至智能仓储工站输送线处,如图 9-28 所示。

④ 将成品托盘运送至智能仓储工站输送线处。

步骤 2:虚实产线自动化运行

虚实产线自动化运行的思路如图 9-29 所示。

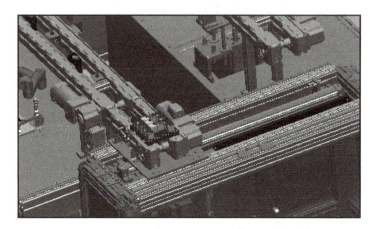

图 9-27 气动平移装置左移

步骤2

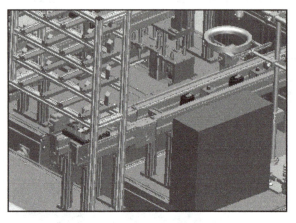

图 9-28 输送托盘

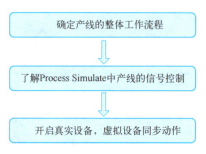

图 9-29 虚实产线自动化运行思路

① 开启真实设备后,将旋钮旋转到自动模式,单击"启动"按钮,即自动运行开启。

② 在 Process Simulate 中进入生产线仿真模式,并在序列编辑器中单击"播放"按钮,将虚拟产线运行起来。

③ 从 MES 下单,观察真实产线和虚拟产线的自动化运行。

④ 智能仓储工站中堆垛机收到信号后,将成品托盘从仓储站转移至输送线上,托盘输送至阻挡气缸并被固定,RFID 读写器识别托盘信息后托盘继续输送至成品装配位置,光电传感器感应到位,侧面气缸夹紧托盘侧面并顶起托盘等待机械手执行装配作业。

⑤ Process Simulate 中的虚拟设备与真实堆垛机同步运行,拾取托盘后放至输送线并运送到智能装配工站,如图 9-30 所示。

⑥ 堆垛机接收到信号后,继续从仓储站将原料托盘转移至输送线上,堆垛机回位;原料托盘输送至底部气缸处,被其顶起,机器人根据工单信息从原料托盘中依次取料,放置到成品空托盘中,进行装配作业。

⑦ 在 Process Simulate 中,虚拟设备同时将原料托盘运送至智能装配工站,机器人同步依次完成取、放料作业,如图 9-31 所示。

⑧ 完成对原料托盘的取料时,将原料托盘下放至输送线进行回收,运输新的原料托盘,直至完成对成品托盘的放料工作,气缸放下成品托盘,托盘又输送至气动平移输送线,再转移

图 9-30 成品托盘自动放置

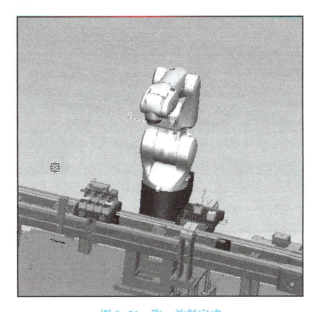

图 9-31 取、放料完成

至视觉检测工站。

⑨ 在 Process Simulate 中,虚拟设备同步将托盘输送至视觉检测工站,如图 9-32 所示。

⑩ 输送线将成品托盘输送至相机下方,气动挡块阻挡气缸,RFID 读写器读取工单信息,由相机对物料进行拍照并上传至视觉处理系统,检查位置和字符是否正确,读取二维码信息,输出检测结果,完成成品入库。

⑪ 相应 Process Simulate 中,虚拟设备与真实设备同步动作,读取物料信息,如图 9-33 所示。

⑫ 成品托盘最终运输至智能仓储工站输送线,RFID 读取工单信息,由智能仓储堆垛机放至原位,操作界面显示工单生产完成。

⑬ 检查 Process Simulate 中的智能检测生产线与真实智能检测生产线是否一致,运行结果

图 9-32 输送至视觉检测工站

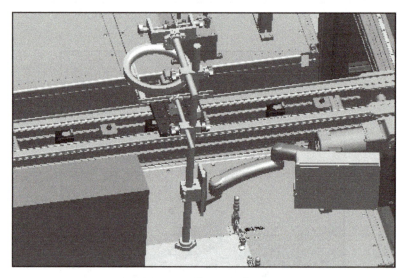

图 9-33 读取物料信息

是否相同。

⑭ 根据结果在 Process Simulate 中对智能检测生产线进行调整,最终完成虚实联调任务。

项目拓展　产线仿真的方法总结

通过本书的学习,完成了对智能检测生产线的设计与仿真,其中使用了时序仿真方式、内部仿真方式、PLC 虚拟调试方式和虚实联调方式。每种方式都有其优点和适合的场景,这里对此进行总结。

1. 时序仿真方式

1)时序仿真方式在 Process Simulate 的标准模式下使用。

2)时序仿真通过创建操作,并在序列编辑器中将操作进行顺序放置,来快速展示产线的工作过程。

3）时序仿真方式适用于产线建模完成后快速验证产线设计是否合理。

项目6智能仓储工站仿真便是使用了时序仿真方式。

2. 内部仿真方式

1）内部仿真方式在 Process Simulate 的生产线仿真模式下使用。

2）内部仿真方式单独使用 Process Simulate 就能通过信号控制产线，包括控制操作和设备动作，并在逻辑资源中进行信号处理。

3）内部仿真方式适用于在没有 PLC 程序的情况下验证产线的信号控制，提前验证需要的信号，用于程序编写。

项目7智能装配工站仿真便是使用了内部仿真方式。

3. PLC 虚拟调试方式

1）PLC 虚拟调试方式在 Process Simulate 的生产线仿真模式下使用。

2）PLC 虚拟调试方式使用 PLC 控制虚拟生产线。在 PLC 编程软件中编制逻辑控制程序，通过使用 PLC 与虚拟环境建立通信，对虚拟生产线进行控制。保证产线实现预期要求，从而大大削减系统安装成本，缩短项目实施周期。

3）PLC 虚拟调试方式适用于在现场调试之前模拟、优化流程，提前验证产线、程序的稳定性和可靠性。

项目8视觉检测工站仿真便是使用了 PLC 虚拟调试方式。

4. 虚实联调方式

1）虚实联调方式在 Process Simulate 的生产线仿真模式下使用，且需要有真实生产线。

2）虚实联调方式同时控制真实生产线和数字孪生生产线，用真实生产线的数据使数字孪生生产线更接近真实生产线，同时数字孪生生产线的仿真可用于真实生产线的监视和优化。

3）虚实联调方式适用于生产线交付后的监视及优化验证。

项目9智能检测生产线虚实联调便是使用了虚实联调方式。

在生产线设计仿真的不同阶段，需要结合任务要求选择合适的仿真方式。

练习题

1. 数字孪生的意义是什么？
2. 仿真面板在实际使用过程中可以添加哪些信号？
3. 创建物料流的作用是什么？
4.（实操题）更换成品托盘上的物料，再进行虚实联调。

参 考 文 献

[1] 孟庆波.生产线数字化设计与仿真:NX MCD[M].北京:机械工业出版社,2020.
[2] 孟庆波.工业机器人应用系统建模:Tecnomatix[M].北京:机械工业出版社,2021.
[3] 宋海鹰,岑健.西门子数字孪生技术:Tecnomatix Process Simulate 应用基础[M].北京:机械工业出版社,2023.
[4] 黄诚,梁伟东.生产线数字化设计与仿真:NX MCD[M].北京:机械工业出版社,2022.
[5] 周骥平.机械制造自动化技术[M].4版.北京:机械工业出版社,2023.
[6] 董春利.机器人应用技术[M].2版.北京:机械工业出版社,2022.
[7] 马冬宝,张赛昆.自动化生产线安装与调试[M].北京:机械工业出版社,2023.
[8] 叶湘滨.传感器与检测技术[M].北京:机械工业出版社,2023.

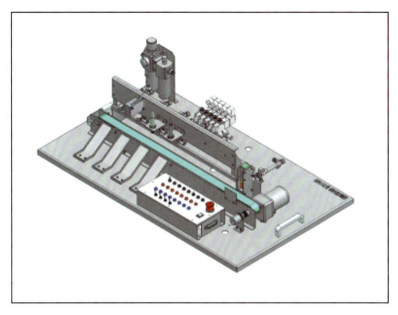

颜色分类站

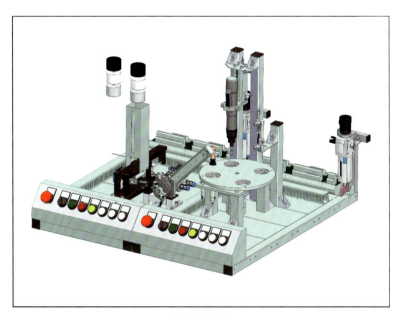

加工检测站

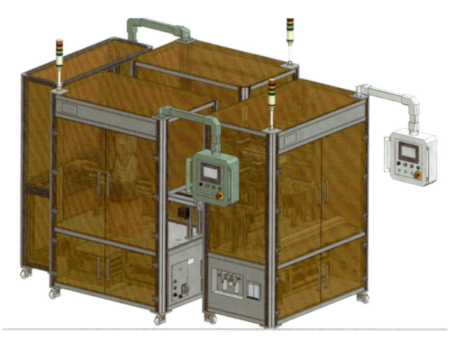

智能检测生产线

气动平移工站及智能检测工站

智能仓储工站

智能装配工站

RK AR Box 软件说明书

1. 手机下载安装 RK AR Box 应用软件，安卓手机也可扫描下方二维码下载。

2. 打开软件，单击"开启摄像机"，扫描前面的设备图片，稍等片刻弹出下面的选择界面。

3. 在选择界面单击"查看模型"可以查看模型并与模型交互。
4. 在选择界面单击"查看视频"可以查看视频并与视频交互。
5. 在选择界面单击❌按钮返回首页，可以重新识别图片。